工作DNA

工作DNA

工作DNA

工作DNA

Smile, please

Smile 109

工作DNA 鯨魚之卷

Work DNA: The Whale

作者：郝明義
責任編輯：湯皓全
美術編輯：薛美惠
校　對：陳佩伶
法律顧問：全理法律事務所董安丹律師
出版者：大塊文化出版股份有限公司
台北市105南京東路四段25號11樓
www.locuspublishing.com
讀者服務專線：0800-006689
TEL：(02) 87123898　FAX：(02) 87123897
郵撥帳號：18955675　戶名：大塊文化出版股份有限公司

總經銷：大和書報圖書股份有限公司
地址：新北市新莊區五工五路2號
TEL：(02) 89902588 (代表號)　FAX：(02) 22901658
製版：瑞豐實業股份有限公司
初版一刷：2013年1月

定價：新台幣 250元
Printed in Taiwan

國家圖書館出版品預行編目

工作DNA. 鯨魚之卷：決策者 / 郝明義作.
-- 初版. -- 臺北市：大塊文化, 2013.01
面；　公分. -- (Smile；109)

ISBN 978-986-213-411-5(平裝)
1.職場成功法 2.生活指導

494.35　101025805

工作DNA
鯨魚之卷
決策者
Work DNA: The Whale

郝明義 Rex How 著

增訂三卷本總序

在工作的路程上，我有很多意外。

少年時期，許多師長期許我未來的工作和寫作、出版相關，但是出於叛逆心理，我卻一直排斥。直到後來畢竟進了出版業。

進入出版業之後，我一直認為自己可以做個編輯，不懂業務更別談經營管理。可是後來卻被提升到總經理的位置。

之後，我一直認為自己頂多適合專業經理人的工作，從沒有創業的興趣與動力。可是在突然的轉折之下，我不得不從零打造起公司，掛起董事長的頭銜。後來還不只一個。

一九九八年初版的《工作DNA》，本來近乎隨筆，記我個人在這個過程中的一些心得。七年後，趁著要出大陸版的時候，我在原書的結構下做了些補充，成為《工作DNA修訂版》。

初版的《工作DNA》把工作分了基層、中堅幹部和決策者三個層次。到修訂版時，我進一步把這三個層次形象化，成為鳥、駱駝和鯨魚，並增加了許多引伸和解釋。大約也在那同時，我開始思考是否應該把「鳥」、「駱駝」、「鯨魚」三種不同層次的主題分別獨立，各寫成一本書，讓各個主題有更充分的說明。

這個想法在心底起伏了很久。又過了六年之後，我終於完成這件事情，有了《工作DNA增訂三卷本》的〈鳥之卷〉、〈駱駝之卷〉、〈鯨魚之卷〉。

我希望，這三本書一方面可以因此而各自獨立、要表達的更清楚，另一方面也能保留最原始版本，也是我寫這本書的初心：一個工作者想把他心頭的點點滴滴，烤成一塊蛋糕和大家分享的心情。

所以，這還是一個人在他工作過程裡的筆記和塗鴉。很多時候他像在跟別人在說些什麼，其實更多的還是在自言自語。

初版前言

寫這本書，有一個遠的理由，有一個近的理由。

在工作的歷程上，我是個非常幸運的人。每個階段，都遇到願意提拔我的人，願意和我一起奮鬥的同事。因此，多少有些說起來應該不至於乏味的經歷和心得。

如果這些經歷和心得貢獻出來，能為某一天的某一位讀者，在他的工作生涯上有所參考，是否也可以算是對提拔過我的人、幫助過我的人的一些回報？

這是遠的理由。

一九九七年與九八年交關之際，工作量很大，壓力很重。我要完成許多責任極重的工作任務，並且時限卡在那裡，沒有一件可以前後挪動。

有一陣子，每天早上醒來，都有點懷疑自己是否能如期完成這些工作。

因此，當夏瑞紅來找我，要為《中國時報》浮世繪版開一個專欄時，我沒有考慮太多就答應了。

在當時喘不過氣的工作負擔下，每個星期寫一篇專欄，反而成了烘一塊蛋糕的想像。

烘一塊蛋糕，喘一口氣，讓自己繁雜的思緒有個稍息的時間。

但，這個專欄必須是談工作的。

這樣，這塊蛋糕才有把握做得還可以下口。

這是近的理由。

在專欄開始的時候，我先想好了書的架構。

我一直都是個上班族。

所以，這是一本談工作的書，雖然也可以給個人工作和創作者參考，但主要是談上班族的工作，給上班族閱讀。

我也一直都在出版業工作。不過，這本書裡許多故事都在出版業之外，我希望出版業以外的上班族也能閱讀得很有趣味與體會。

於是，我先定好章節和其中可能的內容。

因此，現在您讀的並不是一本結集出版的書，而是一本一年前規劃好的書。

除了極少數和新聞相關的話題之外，這本書寫作的進度和內容都是既定的。出書之前，我再新加一些章節，調整一些文字，並且在有些文章後面增加一點後記，一點塗鴉。

因為談什麼事情都喜歡扯到工作，不少人說我是工作狂。

我不以為然（當然，沒有一個工作狂會自己承認的）。

我只是因工作而受益良多，因此對工作有一份感激之情。

因為工作，我從無知轉而大開眼界；因為工作，我從偏激轉而溫和；因為工作，我從毛躁轉而學習沉著。

也因為工作，我對生命的態度有了轉變。

一九八九年，在一個奇特的際遇下，我突然得知因為脊椎嚴重扭曲變形，自己可能來日不多。看著X光照出來的片子，我對自己脊椎所受的重傷目瞪口呆。

脊椎的2種畫法

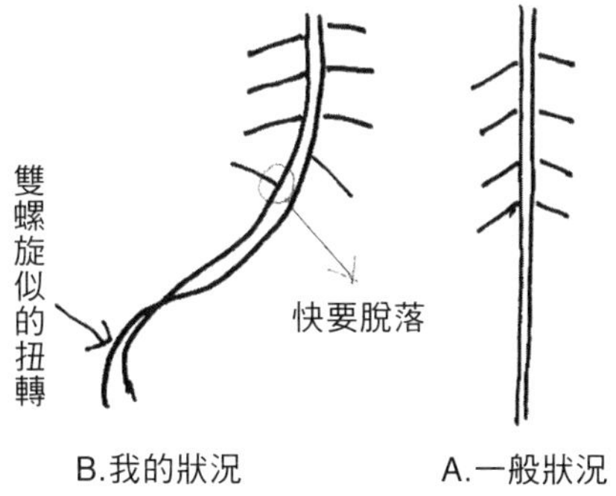

醫生告訴我：最好的選擇是不要上班，辭職回家，盡量做些趴著工作的事情，以免脊椎的創傷進一步惡化。

於是我一個人去了夏威夷的一個離島。

我要為了多活一些時間，而回到家裡做些靜態的工作，還是要盡情繼續現有的工作，最後脊椎隨時可能突然承受不住壓力而崩潰？

思索一個星期之後，我選擇了後者。與其為了多活幾年而設限生命，當然不如把生命濃縮於盡情的衝刺。

十年過去了，我並沒有死。但直到今天，脊椎的危機也並沒有解除（我常常嚷著要減肥，實在和美觀無關）。

我總是沒法把工作步伐放慢，部分是個性，部分和這有關。生命既然無常，應該盡量多加利用一點時間。

後來一路奔跑過來，有得有失，卻終究形成一些面對人生的態度。不是工作的觸媒，我辦不到。

工作對我的啟發，這還只是一點點。

工作早已是我們生活中佔最大比重的一件事情。

就一個上班族而言，無論喜歡與否，我們對自己最親密的人，以及對自己最深感興趣事物所能付出的時間，不論在質或量上，都永遠難以和工作相提並論。

所以，我們怎麼看待工作，就是怎麼看待生命，如何善用工作，也就是如何善用生命。

這不會因為行業或職位的相異而有所不同。

每個人都有一個工作。每個工作都在訴說、啟發其特有的意義。

只看我們是否能夠傾聽、領會。

九八年初要寫這本書的當時，不知道和後來的發展比起來，當時那點工作壓力其實根本算不得什麼。

同樣的，當時也不知道每個星期做一塊蛋糕的過程，逐漸還多了點跟自己對話與提醒的味道。

也就是說，蛋糕做著做著，自己也吃起來了。
而現在，蛋糕送到了您的眼前。
希望您喜歡。

翻滾吧，鯨魚！

工作的人，大致可以分為三種階段：出社會不久的新鮮人、中堅幹部，與高層主管。這三個階段的人，可以比擬為三種動物。

剛出社會不久的新鮮人，像是一隻鳥。剛剛孵化，開始要學習飛翔的小鳥。

工作了一段時間，成為公司或組織裡的中堅幹部之後，成了一隻駱駝。

有幸，或者有需要，從中堅幹部更上層樓，成為一個公司或組織的決策者，那就是成了一條鯨魚。

三種動物，各有不同的環境，各有不同的生存條件，各有不同的發展機會與風險。如果我們能認清這些，那就比較可能讓自己生存得更自在一些，比較可能擺脫一些近於宿命的糾纏，也比較可能發生更有力的進化。

這本書講的是鯨魚的故事。

有幸從中堅幹部更上層樓，成為一個公司或組織的高層決策者的故事。

你成了一條鯨魚。一下子，從枯燥無際的沙漠，躍入了廣闊的大海。

長風萬里，別人祝賀你。

海天無垠，你自我期許。

眼界與境界，從此都大不相同。

你解除了壓在背上的重擔，可以在海洋中恣意快活。

然而，進入了海洋，你就要接受海洋的一切。

晴空如洗的日子是你的，狂風暴雨的日子也是你的。

最重要的是，你永遠前進，沒有停歇。你沒有上岸休息的權利。上岸的鯨魚，是擱淺的，是要死亡的。

鯨魚的工作基因，是自己信仰的價值，與永無止歇。深沉又廣濶的海洋裡，鯨魚是孤獨的。沒有自己信仰的價值，鯨魚會迷失；沒有自己信仰的價值，鯨魚難以說服自己為什麼要永恒地翻騰。

同時，你也會發現，即使成為鯨魚，為什麼還需要保有鳥與駱駝的基因。鳥的熱情與勤快，會讓你樂於和海底的黑暗為伍，探索黑暗中的可能。駱駝的專業與沉穩，會讓你有效地實踐自己信仰的價值，始終知道自己在汪洋大海中的所在位置。

於是，你才可能把工作和休息結合為一體，把運動和靜止結合為一體，把乘風破浪和悠游自在結合為一體。

翻滾吧，鯨魚！

鯨魚之卷　目錄

2 觀念

3 方法

4 故事

5 回憶

6 知識

7 生活

8 附錄

1 心態

高階主管的主客觀條件

在中階主管的位置上工作了一段時間之後，由於主客觀環境的變化，自然會出現一些更上層樓，成為高級主管，甚至最高主管的企圖。

有這種上進心，當然是好事。但，且慢。

由基層幹部升上中階主管，和中階主管升為高階主管，是截然不同的兩種狀況。

不同的原因，在於職位的多寡。金字塔型的職階，越是頂端，競爭越是激烈。在最激烈的競爭中，能力及努力固然重要，卻不一定保證什麼。

所以，我們要對自己的主客觀條件有些認識上的準備，或調整。

在客觀條件上，我們要認知其中有些偶然的因素。由基層幹部升為中階主管時，努力與能力可以構成一種必然，但是在中階主管升為高階主管時，其中卻有很大的偶然。

任何事物發展到頂尖時，都有些難以言說的東西。職位上的競爭，當然也是如此。因此，千萬不要和你心目中的競爭者做比較。同樣的資歷，同樣的能力，他可以雀屏中選，而你卻沒有機會，不要不服氣，有些事情是講不清楚的。

有晉升的企圖是對的，但是，晉升不了，也絕不要氣餒。

有句話，「時候未到」。可以勉強解釋這種難以解釋的原因。

在主觀條件上，則必須仔細思考清楚：我們真的有了充分的心理準備嗎？很多人看到總經理、董事長等高階主管的權位、待遇、光采，因而興起有為者亦若是的念頭。這樣的思考邏輯，就足以讓我們往一個企業位階的頂峰去攀登嗎？

我讀過一篇權位起源的文章。在上古時代，初民本來都是平等的，後來因為某人展現一些特別的智慧、才能，可以幫大家解決一些問題，因此為了珍惜這個人的體能和才智，大家就一起供奉，讓他在生活上先享受些特別的待遇。但是等這個人的待遇特殊到一定程度，大家對他的信賴也到了一定程度之後，他就會自我膨脹，反而只看到其他人都不如己，認為大家理當被支使、控制。

儘管權位的現實已經演變如此，但是我非常認同上述的分析。高階主管的高階待遇，只是事情的表面。我們必須體會高階主管所要承擔的高度責任。

同樣的，任何成為高階主管的人，都不能因為自己的權位、待遇、光采，而理所當然地認為自己高人一等，別人就非驢即馬。別人期望於你的，是希望你有了這些權位、待遇、光采之後，能夠盡心盡力，沒有後顧之憂地工作，幫大家謀一個更美好的未來。不論私人企業、上市公司，甚或政府機關，任何機構莫不如此。

高階主管責任的大小，其實可以做某種量化為下列的公式：

$$\textbf{責任} = \frac{\text{（公司的營業額＋公司的商譽）}\times \text{公司的人數}\times \text{（享受權位、待遇、光采的百分比）}}{\text{公司職位排名}}$$

假設一家公司的年營業額是一億台幣，公司的商譽值毛估為五千萬台幣，有二十名工作同仁。

再假設這家公司位階排名第一，自覺享受到90％權位與光采的高階主管，名為A。這家公司位階排名第三，自覺享受到30％權位與光采的高階主管，名為B。那麼，A的責任，就是二十七億台幣；B的責任，就是三億台幣。

$$\text{A的責任} = \frac{(1\text{億}+5\text{千萬})\times 20\times 90\%}{1} = 27\text{億台幣}$$

$$\text{B的責任} = \frac{(1\text{億}+5\text{千萬})\times 20\times 30\%}{3} = 3\text{億台幣}$$

所以，任何一個想要往高階主管攀升的人，首先要問清自己：我真的準備好承擔這麼重的責任了嗎？

壯闊的四句話

到底，怎樣形容，才能把一個工作者應有的氣概做個最簡單又明白的歸納呢？

一九九七年九月，我在讀一本書的時候，不經意地看到了這樣四句話，八個字。

量大。勇為。深思。不黨。

我覺得這真是對工作最好的歸納，也是最好的期許。所以，也不揣冒昧地想略做續貂之舉。

量大。

首先是工作的容量要大，眼界大。不論我們在哪一個層次和規模上工作，都永遠望向更大的未來。所以，不以小為大，也不以大為小。

對人的氣量大。對於幫助過我們的人，永遠心存感激；對於破壞過我們的人，也不必與之計較。海水與大地，因為同時承載美麗與險惡，因而廣闊。

對時間的器量也要大，不以一時的成敗為成敗。對時間沒有器量，對人就一定沒有氣量，對工作也不可能有容量。斤斤計較一時的成敗得失，很難找出長期的工作節奏。

我們量大，因為我們相信無限大是無限多個無限大之間，仍有無限大的空間。

勇為。

在工作的千鈞壓力下勇為，遊刃有餘中勇為；在成功中勇為，在失敗中勇為；在別人的助力下勇為，在別人的牽絆下勇為。在完全的靜止中，勇為。

我們勇為，因為我們永不停止對自己的堅持與實踐。

深思。

在我們的工作技術上深思，策略上深思；縱向流程上深思，橫向關聯上深思；短期的效果深思，長期的影響深思。公私之別上深思。

我們深思，因為我們希望造福於無形，弭禍於機先。

不黨。

不以一己之私而結黨，不以一黨之私而排擠他人。因此，我們在工作技術上不黨，就是不模仿別人，不抄襲別人；在理念上不黨，就是不放棄自己的獨立思考，不隨便附和別人的主張；在利益上不黨，就是不苟且，不營私。

我們不黨，因為我們相信工作的目的本來就別無所求。

我曾經把這四句話送給一位長輩，當作對他的致敬。

這四句話，是工作者最壯闊的期勉。

悲智願行

我們常說：三百六十行，行行出狀元。

今天的工作，已經遠不止三百六十行。這麼多工作，有沒有什麼可以方便歸類的方法？是否有什麼方法，能夠幫助我們評估自己的性格特質是適合哪種工作？

我讀一點佛教的書。

佛教有四大菩薩。

大悲觀世音菩薩。大智文殊師利菩薩。大願地藏菩薩。大行普賢菩薩。

這四位菩薩各自凸顯的性格特質，我覺得很可以拿來當作工作分類的一個參考。

大悲觀世音菩薩。

觀世間眾生的苦惱而尋聲救護。這是以悲心渡化眾生的苦痛，也是以悲心為工作的根本動力。像醫生這種工作，必須符合這種特質。如果沒有悲心，即使醫術再高超，也算不上一個成功的工作者。當然，宗教家也是立心於此。

大智文殊師利菩薩。

以壁立萬仞的智慧見稱。像科學家、哲學家、文學家、藝術工作者，可以做這種歸類。他們憑仗自己的智慧，為人類的文明不斷推展出新的價值與層次。這種工作者，如果沒法貢獻出自己獨有的智慧，那麼再大的名氣，也算不上一個成功的工作者。

大願地藏菩薩。

我不入地獄，誰入地獄。地獄不空，誓不成佛，以願力見稱。諸如教育家、社會工作者、出版工作者等，都可以做這種歸類。他們自己不站在舞台的中央，甚至必須長期站在幕後推動別人的成就。如果沒有這種願力，就算自己的工作成績再耀目，也是虛空一場。

大行普賢菩薩。

「普賢不可說其所住處，若欲說，應住在一切世間中。」依於如如，見一切行，以行動力見稱。諸如企業家、軍事家、治安人員、表演工作者，以及所有沒法明確歸類悲、智、願的工作者，都可以歸類為行的工作者。行的工作者，必須要有強大的自我實踐力量。沒有這種實踐力量，一時的成就再輝煌，也只是機運下的巧合而已；有這種實踐力量，即使再沒有世俗的成就可言，也是最可敬的工作者。

當然，就極致而言，悲中自有智願行，行中也自有悲智願，悲智願行是相互參照的。但是就起步而言，還是可以就四個基本特質做一區分。

悲、智、願、行，是工作者一個很好的自我歸納與檢驗的標準。

後記：政治家可以是悲、智、願、行的任一種。

一個醫生的啟示

從幼年患了小兒痲痺之後，我一直很少和醫院打交道。直到前一陣子，我又密集地出入了醫院。

其中，有些很不愉快的經驗。但，也有一位謝大夫給了我很大的啟示。

我最先見他，是每星期一台大醫院公館分部的門診。星期一早上，看他門診的病人將近一百號，我對他的印象，只有每次匆匆的幾句話，以及他忙著觀察電腦螢幕上的數據的情況。我總懷疑他這樣怎麼了解他的病人。

後來因為住院了一段時間，讓我看到他另一面。

每個星期一到星期六，他每天早上都會來病房巡視，詢問情況。（我這才發現每個星期一早上他要在公館分部開始門診之前，都先來台大總部巡房一趟，再趕半個小時車程去公館分部。）下午時分，還會再來一次。是巡房，巡每一間，不只我們這一間。甚至急的時候，星期天他穿便服也會再來一趟。

他還十分耐心，會很仔細地解釋他準備如何治療，以及為何如此治療。任何時候打電話給他，都十分耐心又和氣。也由於他這種用心，所以我們一路信任他，終於解決了難題。

事實上，這位醫師還給了我很多在醫病之外的啟發。

他激起了我對一個理想的醫生的想像，進而對一個理想工作者的想像。

一個醫生，可以像某位醫生一樣，當了什麼人的女婿，就忙著撈錢。可以像某位醫生，令人不解他怎麼有那麼多時間和政商人物進行那麼多周旋。也可以像另外一些醫生，只選可以上媒體，尤其是上國際媒體的大手術來操刀，亮相出風頭。對一般病人，則沒什麼關懷。

但是，一個醫生，也可能是這樣安排他的生活的：

他要每天早上七點到八點，固定去病房探視自己住院的病人。然後，下午到傍晚再去一次，看有沒有什麼變化。

白天，因為他的口碑不錯，所以要在至少兩個院區應接許多門診病人。

碰到疑難雜症，他要發揮刑警辦案的精神去細加研究。

為了長期充電，為了解各種新出現的藥物、醫療器材的作用，他要研讀各種最新的商業與學術報告——包括期刊與網上。

最最重要的是，在這樣的工作壓力下，理論上，一個理想的醫師沒有休息的權利。他永遠要為病人的情況而stand by。

過去，身為一個出版人，我雖然也以二十四小時都在工作而自我期許，但最少是可以有休息的。

和一個理想的醫師做對照，讓我有個機會再度體會了工作的極致。

大亨信條

我一直說財富是跟隨工作而來的副產品，但是在一本談工作的書裡，最好還是談這個副產品到底可能如何而來。

我說三十歲之前不要計較薪水待遇，也有人問：那三十歲之後呢？

其實，說三十歲之前不要計較薪水待遇，是從我很喜歡的一個說法而來的。這個說法是：三十歲之前要用勞力賺錢，三十到四十要用經驗賺錢，四十到五十要用專業賺錢，五十到六十要用人脈賺錢，六十以上用錢滾錢。

我相信財富如何跟隨著工作自然而然地出現，可以由上面這個時間發展的說法中看出端倪。

如果你不滿意於時間水到渠成的發展，非要知道有沒有一個方法可言。有一次我在一本書裡讀到一個大亨信條，覺得可以給所有想成為大亨的人當作參考。

大亨信條有十二條：

一、有組織的：寫下每天預定的行事和目標，並按計劃行事。

二、回饋的：每天幫助別人一件事情。

三、創造的：每天思考一件創造財富的計劃，並切實執行。

四、專注的：至少做一件該做，卻遲遲未做的事。

五、有自信的：每天靜坐十五分鐘感覺自己很好，並達到幸福的感覺，再做運動或慢跑十五分鐘。

六、心懷感激的：會告訴家人、朋友和同事「我喜歡你」，而且真心喜歡他們，並不吝於讚美或問候他人。

七、樂觀的：不會老想過去的失敗，而會樂觀地思考目前和未來。

八、有教養的：每天讀書來改變自己的心態，避免將時間浪費在沒有生產力、耗時的人事物上。

九、節省的：沒有絕對必要的情況下，不做消費者或納稅人。

十、有人緣的：迷人又和藹，而且不道人長短。

十一、機警的：敞開心胸，接受新想法、新經驗和提供新事物的人，不會墨守陳規。

十二、可靠的：準時、誠實、圓滿地遵守所有企業、社會和道德義務。

——摘自《像大亨一樣思考》（*Think Like A Tycoon*）（Bill Greene）

第三條「創造的：每天思考一件創造財富的計劃，並切實執行」和第九條「節省的：沒有絕對必要的情況下，不做消費者或納稅人」尤其值得所有關切財富的人特別注意。

除了這十二條，由我自己再做一點補充，我會加上《易經》上說的：「恆者，亨也。」要成為大亨，就得恆常地執行這些信條。

信心不是幫我們從黑暗走向光明的

工作上，有的時候，你那麼肯定自己是站到了一個新的出發點上。經過了一段漫長的，筋疲力竭的掙扎之後，你呼吸到了空氣中的清新，望著天邊的微曦，你相信自己連休息也不需要，又可以投入一場新的戰鬥。

也有時候，你又那麼肯定自己是永遠走不出這無邊無際瀰漫的黑暗了。你已經使盡渾身解數，你已經奮鬥到自己所有的氣力都已放盡，但是，你沒有感受到環境有任何一丁點變化的跡象，你自己有任何一丁點殺出重圍的機會。

這個時候，大家都會提到信心。

信心，是很多人在面對所謂低潮，所謂黑暗的時候，會想到的一個憑藉。但是，對於到底可以怎麼倚靠信心這個憑藉，不小心會產生一個誤差。

這個誤差發生在「信心可以幫我們從黑暗走向光明」。

「信心可以幫我們從黑暗走向光明」。

但是，如果，我們一直從黑暗中走不出來，看不到絲毫遠方微弱的光亮，甚至，從黑暗的濃度在逐步加深，從不辨方位的黑暗，走進伸手不見五指的黑暗呢？還會相信「信心可以幫我們從黑暗走向光明」嗎？

我覺得，與其說信心是幫我們從黑暗走向光明，不如說信心是幫我們從一個黑暗走進另一個更深的黑暗。

是的，如果以為靠著信心一路走下去，就可以逐漸看到周圍逐漸明亮，那麼，其實我們所需要的並不是信心，充其量，只是時間。

只有當我們從一個黑暗走進另一個更深的黑暗，從伸手不見五指的黑暗走進連時間都要靜止的黑暗時，我們才體會得到信心這盞手邊唯一的小燈，是我們全部的指引。

我們放棄這盞小燈是否帶引我們看到光亮的預期；是否聽見鳥語的揣測；是否聞到花香的想像。

我們也放棄燈暈之外黑暗無邊無盡的壓力；一步之隔是否萬丈懸崖的緊張；踏錯腳步就會粉身碎骨的恐懼。

我們只是一步步跟著這盞小燈前進，甚至不見得是前進。

但也因為光亮、鳥語、花香、壓力、緊張、恐懼都不在我們的心上，所以我們拿著燈的手是穩定的，走著的步伐是穩定的。

這個時候我們需要的才是信心。

止謗莫若無辯

越高層的人，當然就越容易得到掌聲——不論這些掌聲是由衷的，還是另有目的。然而，掌聲之中，不免混合噓聲。所謂，譽之所至，謗必隨之。

因此，位階到了一定層次之後，或是工作有了為人注目的一定成果之後，必須對「謗」有個因應之道。

白話文裡，謗之前常加一「毀」字。毀謗相連，十分貼切。不是先毀後謗，就是先謗後毀。

毀謗的著力點有許多：工作能力，男女關係，金錢操守，忠誠程度等等，不一而足。不變的是一個原則：真正使得上力的毀謗，一定是當事人最引以為傲的強點，而不是弱點。因此，越是自持男女關係清白的人，別人越會在這方面羅織你的罪名；越是對金錢操守自持的人，別人就越會在這方面做文章。

道理很簡單。一，你最強的地方，正是你最不備的地方。二，這樣莫須有地攻擊你，你才會激動、抓狂，亂了腳步。

毀謗的本質和作用正是如此。

毀謗的實際作用和功效，又可能多大呢？

看歷史上的例子。

袁崇煥是明末唯一可以抗清的大臣。縱橫關外的努爾哈赤，唯一的敗仗，就是吃在袁崇煥的手裡。但是對於這樣一位國之棟樑，明朝卻輕易就中了皇太極的反間計，不但抹煞了袁崇煥衛戍疆土的忠誠，反而把他講成通敵的叛國之徒，結果公開凌遲處死。袁崇煥被棄市的當天，北京城的老百姓扶老攜幼，人人巴不得生啖這個叛賊的血肉。

毀謗的捏造空間和可能效果，都在這個例子裡看到極致。像袁崇煥這樣的人，怎麼會想到別人會拿他的忠貞來做文章？又怎麼可能得逞？然而，就是可能。歷史上這樣的故事，不勝枚舉。也因此，很多人樂此不疲。

看袁崇煥的例子，應該對毀謗的本質有所體會，因此必須淡然處之。

對我自己來說，最受用的是弘一大師說過的一句話：「止謗莫若無辯」。無辯。

有一位朋友不太同意。他說：「這句話很高明，不過我還是要看別人謗的是什麼才能決定要不要辯。」

但，無辯就是無辯。任何情況下都不要辯。

你在乎的，你不在乎的；別人誇大其辭的，別人憑空捏造的；影響有限的，影響嚴重的。甚至，性命交關的。無辯就是無辯。

只有無辯，才能體會到無辯的作用。

功遂身退

人登了高山，總要有下山的一天。也好比人上了舞台，就總有下台的一天。這是自然的規則。

企業的興衰如此，人事的變動也是如此。所以，高階主管的重要課題不在如何更上層樓，而在如何功遂身退。換句話說，上台上得漂亮固然可喜，下台下得漂亮才見功力。

但，除卻巫山不是雲，上了台的人，很難有這種認識。因此，下台總是被動的狀況居多。這種時候，不妨有一些心理準備。

第一，不要回頭。對準備上台的人來說，舞台在前方，盯著舞台是應該的。對下台的人來說，舞台在腦後，所以，不要回頭眷戀，否則只會骨碌骨碌滾下去。

第二，自信。下台最驚險處，卻在不驚險處。暮靄四起，四野無人。這種寂寞是最大的試煉。但是，你如果真正熱愛表演，那你應該相信自己永遠都會找到一座新的舞台。所以，下台只是登台的準備，不下這個舞台，怎麼登下一個舞台？

第三，自處。有時候，光有自信也不行。機遇不配合，你就是找不到另一個華麗的舞台。因此，要懂得自處。自處最重要的，就是與自己的工作相處。

要傾聽內心深處的聲音，把工作的本質和表象區分清楚。

我們究竟是熱愛歌唱，還是熱愛舞台？還是只愛在大舞台上歌唱？萬一實在找不到舞台，是否可以就在街頭，就在曠野中高歌呢？

自處之後，才能平靜。

第四，平靜之後，才懂得善用助力。助力有兩種，有正面幫你的，有負面幫你的。兩種都要善用。運用得好，別人從背後推你一把，還正好可以助你跳上另一個舞台。運用不當，別人好心拉你一把，卻正好把你拉進一個水溝。力量沒有絕對的好壞，要看怎麼運用。

一定要舞台才能歌唱的人，一定要急著上台的人，很容易把助力用擰了。要唱就隨時隨地都可以唱，不唱也可以欣賞別人表演的人，才可能心平氣和地觀察到助力的運用。

不過，這些都是說來容易。究竟之道，還是趁我們在台上的時刻，甚至還沒上台的時刻，就先想好這個台要怎麼下。由於主動，我們下台的時候才能比較不回頭眷戀，才能輕鬆地欣賞一下別人的表演。至於要不要再上一個新的舞台，也就成了操之在己的一個課題了。

急流勇退，是一個關鍵時刻的智慧。

功遂身退，則是一個全盤佈局的智慧。

高層主管，看的是大局。應該有這種智慧。

下台的品味

有兩件事情，一直讓我過去深有所感，但又總是不很明白。

兩件事情都發生在一九九〇年。

第一件，是日本相撲選手千代富士的故事。

千代富士是一九八〇年代日本相撲界的霸主，所向披靡，對日本相撲的推展有極大貢獻，所以他退休時候拿的特別退休金高達一億日幣（另外還有私人收到的斷髮儀式金三億日幣），當時都是破紀錄。

千代富士身為橫綱的後期，日本出現了一位年輕明星，叫作貴花田。也就是日後改名為貴乃花，也成為橫綱的那一位。

一九九〇年的春季大賽，千代富士與貴花田交手，輸了。而千代富士在輸了那一役之後，幾乎就在隔天就宣布了他要退休了。

我雖然很佩服他那種急流勇退的精神與氣魄，但有一點不很明白。當時千代富士還在盛壯之年，並不是輸多贏少的局面，雖然年輕後輩追上來，勝了他一場，但是為什麼不再拚一下呢？他會不會也太少了一點拚鬥的精神？他到底是為什麼只憑這一役，就一葉知秋地知道自己要走下相撲場所的時間到了呢？

另一件事情也發生在一九九〇年，年底。

曾經如日中天的英國總理柴契爾夫人因為英國加入歐洲共同體的議題，引起黨內的不滿與挑戰，重選黨魁。柴契爾夫人沒把挑戰者放在眼裡，人在國外開會，也沒有特別拜票、拉票，結果投票下來，雖然以二〇四比一五六票領先挑戰者，但是差了兩票沒有把挑戰者擊潰，而需要再有第二輪的投票。

柴契爾夫人回國和黨內其他人士開會，討論過後，她宣布退出第二輪投票，實質上等於宣布辭去首相一職，就此結束了自己的政治生命。

當時我也很不明白，第一輪是她輕敵，並且才差兩票，她為什麼不再努力一下呢？她為什麼就一葉知秋地知道自己要走下政治舞台的時間到了呢？

這兩個不同領域的高手的下台之姿，讓我印象深刻。但是他們那種判斷能力到底從何而來，我一直不很明白。

到了最近，看了另外一些人物的行為之後，有了對照，我的疑惑才解開。事情沒有那麼複雜。不過是一個品味（Taste）。

任何一個組織的高層人物，如何注意自己的言行，不要引起物議，本身就是品味。引起爭議後，如何不要只知援引社會上一般人最低的標準（包括法律與道德標準）來為自己辯護，也是品味。

越是高層人物，越要有不同於一般人的言語及行為示範。

高層人物，不僅有自己智慧，還有自己的品味。

2 觀念

體育競賽與工作

我第一次看世界盃足球決賽，是一九七四年。

那時候，一台小小的黑白電視，甚至還帶著一點雜訊，又是和鄰居家的小朋友擠在一起，說起來，看得應該不是很清楚。不過，那是很長一段時間裡，我印象最深刻、也最清晰的一場世界盃比賽。

時隔這麼多年，我好像仍然坐在荷蘭球門後方的看台上，望過球門，看到西德的穆勒（G. Müller）背著球門接到傳球，似乎猶豫了一下，又似乎連千分之一秒也沒猶豫，然後就回身一腳把球踢進了網裡。他那轉身的動作，像是慢動作般，在我腦海裡可以一格畫面

一格畫面地隨時倒帶。

那一球，一定也是所有荷蘭人永難忘記的。

荷蘭隊，在七〇年代發起「全面足球革命」的巨星告魯夫（H. J. Cruijff）的掌旗之下，那是最接近金盃的一次。然而，穆勒的那一腳卻粉碎了荷蘭人的所有希望。之後，荷蘭一直名列歐洲強隊，但是離金盃的距離卻始終再沒近過。二〇〇六年世界盃荷蘭和葡萄牙之戰，情急到違反足球比賽的不成文規定也要搶球，多少有那三十年不勝的饑渴在作祟。

我把一九七四年那場球記得這麼深刻，不是因為我是荷蘭或西德的球迷。主要是因為除了穆勒的那一球之外，下半場也那麼難忘。翻開史冊，對於下半場的比賽，可能只有「西德隊力保不失」這七個字。然而對我可不是。我清楚地記得電視鏡頭從西德隊球門左側看過去的許多畫面。一心追回失分的荷蘭隊，下半場搶攻，簡直是圍著西德的球門在不斷地砲轟。然而，他們一波接一波的攻勢，不是擊中門柱彈出，就是被西德隊神勇的門將在種種不可能的角度下撲出。

足球，有時候可以那麼輕鬆地踢進，有時候又那麼難如登天，讓我第一次領略到足球的美妙與殘酷。

我自己經營的企業，和運動八竿子打不到一起；我自己的體能，和運動八十竿子打不到一起，所以有些人不免會問我：為什麼經常在談經營的時候，談工作的時候，總要舉舉運動競賽的例子。

理由很簡單：我們很難完整地觀察別人的人生，但卻可以完整地觀察別人的運動競賽。如果說人生如競賽，競賽如人生，那麼有什麼比從運動競賽中體會人生來得更方便呢？一個上班族（不論是公家或私人企業）的職場生涯，總有三、四十年，而一名運動員，不過十年、十五年。甚至，有的運動員，只是為一場比賽而活。別人在如此濃縮的時間裡歷練、展現自己面對競賽，也就是面對人生的態度，如果觀眾卻只記住他們表面的輸贏，只為競賽的結果而瘋狂，那是很可惜的事，也是很對不起這些運動員的事。

四種競賽的本質

我愛看四種運動競賽：足球、籃球、棒球、高爾夫。四種競賽，競的是四種不同的力量。

足球，是想像力。足球場不比籃球場，那麼大一片面積，不論是場上的球員還是場邊的教練，都不像籃球那麼好掌握情況。時間，比籃球長得多，卻又沒有暫停。因此，教練沒法在半途面授機宜，他只能靠三次更換球員的機會（和籃球比起來多麼少！），傳達他調整策略的訊息，改變整個球隊的進攻或防守策略。在這麼多限制的條件下，足球比的是想像力。不論教練還是場上的球員，光靠拚體力、拚鬥志、拚個人技術，甚至拚團隊作戰，都和其他運動相差不多，突出不了足球的微妙。足球的想像力是什麼？二〇〇六年澳洲對日本之戰，最後八分鐘希丁克（G. Hiddink）的換將，那是教練在場外想像力的一個代表；阿根廷對塞黑之戰，經過二十六次傳球（日本NHK計算）之後踢進的那美妙的一球，是球員在場上想像力的一個代表。沒有想像力的足球，贏了多少場都不是足球。

籃球，是進攻力。什麼運動比賽動輒以數十分計，甚至一百一、二十分地計？籃球，沒有進攻力，是沒勁的。不但比全場的進攻力，更比最後關頭的進攻力。偉大的籃球巨星，都是有能力在比賽剩下最後以秒計、以零點幾秒計的時候，自己球隊還落後兩分的時候，可以穩穩地出手攻下三分球，改寫全場戰果。一九九八年NBA冠軍戰公牛對爵士的最後一場，公牛幾乎是落後整場。最後五．四秒，爵士在馬龍（Karl Malone）的控球下，要發動最後一擊的時候，喬丹（M. J. Jordan）卻吐著舌頭從他身後把球抄走，最後以一分之差氣走爵士。喬丹之所以為大帝，不只是他經常在關鍵戰有四、五十分的得分，還在於他總能在最後關頭取勝的進攻力。

棒球，是堅持力。沒有任何運動競賽，像棒球這樣，起碼在理論上，是可以永無時間限制地一局局延長賽下去。並且，不要忘了那句名言：「棒球，是從九局下半二人出局之後開始的。」二〇〇一年的美國職棒總冠軍戰，世界大賽系列，是代表之一。亞利桑那響尾蛇對紐約洋基鏖戰七場，不論是洋基贏的第四戰和第五戰，還是最後響尾蛇封王的第七戰，戰局都是到九局下半改寫的。二〇〇四年世界大賽，波士頓紅襪隊碰上世仇洋基，得以在連輸三場之後又連贏四場，一掃百年恥辱，也是在第四場到第九局下半仍以三比四落後時，才開始吹起反攻的號角。棒球比賽，玩的是你的球隊落後十分到九局下半二人出局後，只剩下你最後一名球員進攻，球數又停在兩好無壞球的時候，你可以對自己微微一笑，告訴自己：「好吧，比賽現在終於要開始了。」

高爾夫不是比進攻數多的，高爾夫是比進攻數少的。十八個洞，每個人每一洞四桿，共七十二桿標準桿。每一洞誰能用少於四桿，十八個洞誰能用比七十二桿少得多的桿數打完，誰就是勝利者。高爾夫最有趣的，又在配組上。每一天，你總是要和自己成績最近的一人配成一組一起比賽。所以在這種壓力下，大家比的不但是桿數少，也是失誤少。

一九八五年，台灣選手陳志忠參加美國高爾夫公開賽，開賽第一天就打出美國公開賽開賽八十五年首見的「雙鷹」，接著一路領先，但是到最後一天，卻因壓力而犯下不忍卒睹的連連失誤，最後與冠軍失之交臂，屈居第二，令人扼腕。當時美國的報紙就說：「日後，大家記得的不是誰拿到了今年的美國高爾夫公開賽冠軍，而是陳志忠怎麼輸掉了他的冠軍。」高爾夫，玩的是老僧入定，自己與自己的對話。不論別人表現如何，每一洞你都只求全力把自己最好的成績表現出來。

看這四種比賽多年，我感謝那麼多球隊與球員在比賽中給了我那麼多啟發——不論在人生還是工作之中。

不敢獨享的八個字

中文不像英文有那麼多現在、過去、未來等時態的分別。中外，有所不同。中外皆然的，則是對時間有些選擇性的偏愛。

在現在、過去、未來三種時間型態中，對於過去和未來，我們有些特別的情結。過去的愉快或幸福，在時間的沉澱之下，很容易凸顯，往往誇大其實。過去的痛苦或悲哀，在時間的沖刷之下，很容易淡出，往往恍若雲煙。

我們對過去，有一種往好處歸納的情結。

我們對未來，也有一種情結，往好處演繹的情結。

對於未來的機會或期待，很容易擴展其各種可能，往往異想天開。對於未來的危險或困難，很容易簡化其各種關卡，往往自欺欺人。

在過去和未來之間，我們最不經心的，就是現在。在歸納和演繹之間，我們最沒有方法以對的，往往就是現在。現在，一不小心就成了未來和過去之間的雞肋。是未來還沒到來之前的過渡，是過去還在徘徊不去的餘韻。

現在的美好，難比過去的迴腸盪氣，難比未來的令人雀躍。現在的痛苦，總比過去的更為真實，總比未來的更為切身。當然有些人是另一種狀況：過去的痛苦永遠是一刀刀越來越深刻的創傷，未來的困難永遠是一步步越來越恐怖的陷阱。這些人從另一個方向對時間做了太多取捨，還是忘記了現在，輕忽了現在。

工作的世界裡，特別容易如此。尤其是工作了一段時間之後。

過去的挫折已在腦後，未來的挑戰尚為遙遠。只有現在的難題最是棘手。

過去的成就可以隨手拈來，朗朗上口；未來的機會可以縱橫規劃，大展鴻圖。只有現在的資源和任務，不大不小，難以施展。

對時間的這種偏愛，真是很大的偏差。

如果真要偏愛，我們應該偏愛的是現在。再好的、再壞的過去，也已經過去了，和現在的我們無所相干。再好的、再壞的未來，也尚未到來，我們不必因而手舞足蹈，或心驚膽顫。只有現在的快樂，是最需要體會的；只有現在的困難，是最需要解決的；只有現在的機會，是最可以掌握的。

除了現在，我們別無他有。

當我們可以如此認識的時候，也就會發現：當現在流逝為過去的時候，我們可以增添多少美麗的回憶；當未來轉化為現在的時候，我們可以兌現多少的機會。

前一陣子，向一位長者請教。他送我八個字：「把握現在，面對現實」。本來覺得太簡單，也太老套了，後來深覺妙用無窮。

不敢獨享，因此寫在這裡。

夢想與愛情

新年快到的時候，大家都喜歡說些吉祥話。其中，祝人家夢想早日實現是一個。可這個說法是否真的那麼好，還可以再想想。

有一天，在大陸的微博上看到一則貼文。大意如下：現在的北京是一個巨大的戰場，各方神聖都趕來廝殺。勝出者都離開戰場，另找一個理想的去處；失敗者也都黯然返鄉，療傷止痛；不甘失敗，又無法割捨的人才繼續留下來戰鬥。接著看到一個跟貼的人說：完成夢想的人都離開北京了；揣著夢想的人，正在趕往北京的路上；只有在夢想中掙扎的人還留守在北京。

我有些不同的意見，所以回應了這麼一段話：「夢想和做愛一樣。沒做的人失落，做完了的人也失落。只有正在做的人才幸福。」

由這個出發點，我引伸而言：做愛總要做到體力耗盡，心臟只差爆炸的那一步，才算淋漓盡致。實現夢想的過程也是。所以，與其說那些還在實現夢想的過程中是在「掙扎」，不如說是在「享受幸福」。這種過程，即使說是「戰鬥」，那也是纏綿動人的「戰鬥」，充滿生命力的「戰鬥」。也因此，所有期待夢想很快就能實現、很容易就能實現的人，其實不啻在期待早洩。

其實，如果覺得拿「夢想」和「做愛」來對照太激烈，不妨改為拿「夢想」和「戀愛」來比喻。

沒愛可戀或者失戀的人固然空虛，戀愛所謂「成功」、結婚成家的人，又有多少不是走入愛情的「墳墓」？世界上，不就是正在熱戀的人最幸福？夢想，也是同理。有一個朝思暮想的對象，牽引著你所有的神經，儘管時刻讓你牽腸掛肚，有時更讓你失魂落魄，但都刻骨銘心，讓你體會可以如何動員自己全部的精力與資源，感受存在的價值。

對於夢想，還有個常見的誤區：越是上了年紀的人談起夢想，越容易說成離自己比較遙遠的事；年輕人說起夢想，很容易說得像是人不夢想枉少年。夢想不是少年的專利，也沒有離誰比較遠近。只要我們活著，總要有個對生命的想頭。夢想就是那個想頭。

年輕時候以為可以亂想，上了年紀以為可以不想，都是對夢想和生命的誤解。也因此，以為年輕就可以多些本錢來夢想的人，年紀一大就很容易沒有夢想。因為這樣的人已經把夢想和年齡畫上了函數關係。同樣的，年輕時候以為有本錢可以多夢想的人，也很容易把夢想變成亂想，忘了「夢想」其實是「你在夢裡也想實現的那一件事」。

正因為夢想是我們朝思暮想，連在夢裡也念念不忘的目標，所以夢想不要多，選定一個就全神貫注，全力以赴。

想創業的人，心頭都有一個夢想。不妨參考夢想與愛情的這個比喻。

又及：以上這些有關夢想的誤區，也常發生在愛情的事情上。

人生，以及創業旅程的五個平衡

人生是旅程的話，旅程上，要兼顧一些平衡。

由我來說的話，有五個。

第一個平衡，在上路與準備之間。

任何一段旅程，一旦上路，就很難再折回起點準備，所以要在上路之前做好準備工作。但，準備工作也可能陷入一個迷思，有時候會越做越覺得不夠；越不夠，越不敢出發，於是耽誤上路的時間，甚至始終出發不得。因此，首先要在上路與準備之間拿捏出一種平衡。

旅人要注意的第二個平衡，在遠眺和近觀之間。

沒有遠眺，旅程沒有方向。但善於遠眺的人，可能不耐也不屑於觀近。不懂得觀近，就容易被腳下絆倒，結果始終在原地踏步，前進不得。善於觀近的人，的確會步履小心，一步一腳印。只是光注意觀近的人，不容易抬頭，遑論遠眺，結果一不注意，容易沒有前進的方向可言，往往步履始終在挪動，但是卻原地徘徊，或者忽東忽西。所以，遠眺和近觀之間，旅人要體會出一種平衡。

旅人要注意的第三個平衡，在執著和輕鬆之間。

旅人總會碰上孤獨與艱難的時刻。這種時候，沒有執著，難以挺進。但過於執著，一來可能在不必要的堅持上耗盡心力，二來難有心情享受沿路的風光，結果壓力大到自己把自己壓垮。過於輕鬆，好處是懂得自我排遣，甚至還可以享受路上的山光水色，可壞處是，一來可能會耽誤趕路，二來可能連自己為什麼踏上旅程的原因都忘在腦後。所以，執著和輕鬆之間，有個平衡要掌握。

旅人的第四個平衡，要掌握在冒險與謹慎之間。

沒有冒險的旅程，可能沒有趣味也沒有價值；但是旅人過於不惜冒險，可能走不完旅程。總之，我們踏上一段旅程的時候，沒有謹慎，保不得平安前進；可是過於謹慎，又失去踏上旅程的意義，也推進不了旅程。所以，冒險和謹慎之間的平衡，旅人要明白。

真正的大旅程，又必須知道怎麼在等待和忘記等待之間找到平衡。一直練習等待的人，好處是可以讓自己提起精神，但也可能耗盡精神。懂得忘記等待的人，好處是可能讓自己忘記等待的壓力，但也可能讓自己連前進的動力也一併忘記了。所以，在等待和忘記等待之間，是旅人要掌握的第五個平衡。

這是我看到的旅程上的五種平衡。

也覺得要踏上創業旅程的人，特別應該體會如何兼顧這五個平衡。

五色聚力

最好的平衡，不是靜止的，而是動態的。

最好的平衡，不是因為相近而協調的因素組合而成，而是在雜亂並相衝突的因素組合中所呈現。

對於這方面的詮釋，杉浦康平的說法令人印象深刻。

杉浦康平是日本的設計大師。他原來學的是建築設計，後來卻以書籍及雜誌設計成為一代大師。二〇〇七年，日本出版了一本紀念他在這兩個領域設計五十周年的書：《疾風迅雷》（有中文版），可以對他豐富的設計理念和作品有點概括性的了解。

我訪問過杉浦康平，和他幾次談話受益不少，尤其是「五色聚力」這個觀念。

「五色聚力」，是和他著名的「開發五感」的設計理念相呼應的。

一九七〇年代的時候，杉浦康平時常到亞洲各地走訪，「發現許多地方都是有各種生物共存共榮的，像是樹，樹也在呼吸……整個世界多麼喧鬧啊！所以我試著將我的感覺轉換成樹，轉換成動物，或者投注在舌頭、耳朵，試圖發現其他感覺的方式，然後將它們融合在一起，再注入我的身體，試著理解這個與它們相連的『我』是誰。」

這是杉浦康平在設計上強調「開發五感」的源起。也因為如此，當他設計一本書或雜誌的時候，會透過開本、紙張、版型，各種不同的色彩、大小形式不一的字體的組合，讓一本本書籍和雜誌超脫油墨和紙張結合的限制，而能夠和讀者的「眼耳鼻舌身」五感相溝通。

如果說「開發五感」是他的一種設計理念，那麼「五色聚力」就是他的設計功法。我仔細讀完《疾風迅雷》之後，覺得多少對「五色聚力」有了一點體會，就整理了一段讀後感的筆記寄給他（下列文字裡的空格，以及特別大寫的字，都是當時我寫的時候所留下的）：

你週遭的混亂與發生的事，各有意義。
好的事情不是就「嗨」一聲走進來，
壞的事情也不是只留下痛苦就此離開。
這些雜然，正是你創造的根源。

使這些
喧囂　吶喊　動盪　混亂　呈現，
也使　其中、其間、其外的
安靜　低語　穩定　秩序
以　文字、圖像、影像、噪音同時呈現，
這就是五色相會。

進一步，能從五色相會中，使之
越界　散射　重力　而　融合，

才是真正的得力而聚之，
是為宇宙真理的　超凡之雜。
出版、設計，或任何創作，都是要以最有效的方式，傳達這些發生的訊息，
並以出人意表　承載祝祭的風格，

月月響驚雷
季季興旋風。

我很喜歡杉浦康平的這些理念，所以不時會拿出這段筆記看看。不但可以在出版工作上當提醒，也可以用來在生活裡參考。

關鍵時刻

褚威格的名著《一個陌生女子的來信》，纏綿悱惻，大家耳熟能詳。他另外一本《人類的群星閃耀時》，表面看來，主題不像愛情這麼通俗，其實更應該人人一讀。因為他談的是人的抉擇問題，尤其在關鍵時刻。

褚威格為他這本書如此破題：「沒有一個藝術家會在他一天的二十四小時之內始終處於不停的藝術創作之中；所有那些最具特色、最有生命力的成功之筆往往只產生在難得而又短暫的靈感勃發的時刻。歷史也是如此……」

在他的歸納下，人類的歷史雖然是一直在前進，但很多時候其實是在一種呆滯或持平的狀態。然後，到了某個時刻，突然有些事情發生，在關鍵時刻發生劇烈的化學反應甚或是大爆炸，因而歷史的進展也猛然出現轉折，或是躍過一個分水嶺，跳上一個台階。而這些歷史上關鍵時刻的變化，又都是因為一些個別人物在他們自己人生過程中的關鍵時刻，做了一些抉擇所造成——不過，有人在做這些抉擇的時候有意識到，有些人則不然。

褚威格在《人類的群星閃耀時》裡挑了十四個人，來講這些關鍵時刻的故事。有些人是在窮途末路中，抓住那稍縱即逝的機遇，成就了自己，也推動了歷史的躍進；有些人則是在那剎那之間，從反方向的行為改變了歷史的軌道。

其中最令人唏噓的，莫過於拿破崙滑鐵盧戰役時的一分鐘。滑鐵盧之役，拿破崙做了極完備的規劃，特別把前哨戰之後追擊敗兵的任務交付給一個他手下的將領格魯希。等主戰場開打，雙方歷經拉鋸而陷於膠著，任何一方先得到援軍就會決定戰局的時候，格魯希為了忠實地追擊先前的敗兵，卻越來越遠離主戰場。褚威格描寫法軍的其他將領力勸格魯希引軍返攻，但是格魯希聽著，考慮著，眨了眨眼，卻決定繼續忠實地執行拿破崙的手諭，繼續他的追敵任務。而法國和人類的命運，都在他眨眼的那兩秒之間改變。

「充滿戲劇性和命運攸關的時刻，在個人的一生中和歷史的進程中都是難得的；這種時刻往往只發生在某一天、某一小時甚至常常只發生在某一分鐘，但它們的決定性影響卻超越了時間。這些時刻，宛若星辰一般永遠散射著光輝，普照著暫時的黑夜。」褚威格如是說。

商業世界的人，也是如此。

我們的人生大部分時間是很定型的，很規律的。上班、回家；捷運、便利商店；多年如一日的工作流程、熟能生巧而又終至於痲木無感的工作方法。很容易也像是進入一個漫漫長夜。因此，最重要的一課，就是當一些關鍵時刻到來的時候，我們要如何面對、如何掌握那稍縱即逝的瞬間。

我們在黑暗中漫長的摸索，就是為了要等到這一瞬間的燦爛亮光，切莫在那一刻又讓自己睡著了。

抉擇的原則與放縱

我們在黑暗中漫長的摸索，就是為了要等到某一瞬間燦爛發光發亮的機會。但是在那個機會當真來臨的時候，卻有很多不同的可能。

可能，我們因為等待得疲累，睡著了，所以根本沒有覺察。也可能，黑暗中的一直等待讓我們麻木了，所以看著機會的到來也繼續發楞。又可能，我們看到機會來了，也興奮地立即反應了，但是在緊張中卻手忙腳亂地做錯動作。還可能，我們當時覺得自己挺從容地做了挺好的抉擇，事後卻發現大不如此。

怎麼掌握稍縱即逝的關鍵時刻，又做出適當的抉擇？

最基本的是，要有意識地不斷地練習做抉擇。抉擇是一種工作，也是一種藝術。工作或藝術，沒有不需要持久練習的。抉擇也是，每天都需要時刻刻的自我練習。在一天天的日子裡，小到早上出門要穿哪件衣服，中到和一個客戶對話的過程裡應該選擇什麼用詞，大到你必須為一個研發已久的計劃做出前進或是停止的決定，我們每天不斷地在做抉擇。所以抉擇的第一步，要意識到自己是在做抉擇。有這個意識，事後才會有比較與檢討的意識；然後，才會有下次如何調整作法的意識。

到一個境界後，工作或藝術都需要以簡馭繁。抉擇也是。由於時刻都需要做抉擇是一個龐大的工作量，所以抉擇的第二個要點是，去除不必要做抉擇的事情。鈴木一朗多年如一日只吃自己太太做的便當；蔡志忠永遠只穿同一種襯衫、褲子和鞋子，都是同一個理由：不把時間、精力花在不必要做抉擇的地方，只在自己重視的事情上保持最高的抉擇敏感度。

至於，在那電光石火的關鍵時刻的抉擇，到底有沒有方法可談？由我來說，是靠原則與放縱的結合。

原則，就是守住自己做人處世，或是長期工作下來所累積的價值觀的底線。放縱，就是守住原則與底線之後，願意承擔在那個基礎上恣意而為的後果。事實上，沒有那些原則，就沒有抉擇的把握；沒有那一點放縱，則沒有抉擇的樂趣。

當然，抉擇也總會出包，出錯的。

這個時候，我覺得英國演員裘德洛說了句話很不錯：「我不讓後悔的種子在心裡發芽。」

不管抉擇的結果如何，別懊惱，別回頭，直直去。永遠相信：這次抉擇的教訓，一定有助於下次的抉擇。

3 方法

如何思考策略

佛教有一句話：「迷時師渡，悟時自渡。」

在一個企業裡，晉升為高階主管之後，也有點類似狀況。一般而言，在工作上，這時已經沒有人能夠，或應該指點你什麼了。

一切，要靠自己的體會與摸索。

由基層幹部而中階主管，我們主要在鍛鍊的，是技術面的身手。

成為高階主管之後，最重要的，卻是要摸索到策略面的眼界。

換句話說，就是要在以往勝任愉快的技術身手之外，再增添策略視野。

這種新的鍛鍊如果成功，能夠掌握到對策略的體會，那麼過去精嫻的技術身手，就會如虎添翼。如果不能成功，那麼過去勝任愉快的技術身手，往往會變成故步自封的阻力。

當然，高階主管有高階主管要練習的技術面能力，但是，我們對高階主管之期望所以有別於中階主管，畢竟在於他策略面的思考與眼界。

策略究竟是什麼？

在我剛承擔起一家公司的經營責任之後，這個問題真困擾了我很久。

問別人嘛，不是不好意思開口，就是問了也聽不明白。買書來讀，各種策略管理、策略分析的書，說得精彩，但是要套用到自己身上，總是隔靴搔癢。

然而，當時儘管什麼都模模糊糊，有一點卻是很清楚的，那就是策略再怎麼難懂，卻絕不能不懂，再怎麼難以掌握，卻不能不掌握。

於是有好長一段時間，每做一件事情，都要揣摩一下這究竟是技術面的事情，還是策略面的事情。

真有點蹣跚學步的掙扎與痛苦。

後來，大致可以把技術和策略區分開，也了解策略是怎麼回事。不過，了解策略是怎麼回事，和是否能夠思考出策略，尤其有效的策略，則又是不同的兩回事。

這又是一個永無盡頭的追尋。

為什麼？

因為策略就是：不以一時的勝負為勝負。

不以一時的勝負為勝負，究竟要以何時的勝負為勝負，只有你個人最清楚，最明白。

所以，策略是別人很難替你置喙的。

隨著你對自己資源、空間、時間了解程度的不同，對勝負的設定也會有所不同，你策略的思考，自然也會跟著不同。

我也只能如此隔靴搔癢。

我們只能不斷地練習。

如何養成氣魄

談策略，不能不談氣魄。策略可以形成氣魄，氣魄也決定策略。

氣魄，首先和我們對待人的態度有關。

在上班族的世界裡，人際互動是最頻繁的，最緊要的。因此我們注重溝通，強調EQ，相信厚黑學，最終，則瞄準「出人頭地」，所謂「成長就是要踩別人的頭上去」。

然而，人際關係這種我勝你負，成王敗寇的信念，固然是一種氣魄，卻只是凸顯其銳利，卻有失於厚實。

對於人的氣魄，我看過最好的一個說法，是弘一大師的一句話：「不讓古人是謂有志，不讓今人是謂無量。」

這裡，可以把「古人」稍加廣義的引申，就是把所有還活於當世，但是卻在事業領域裡卓然有成的領袖人物也包括在內；「今人」，則包括所有和自己仍然在同一水準和層次上努力的同輩。

可以讓今人和同輩，表示我們有充分的信心。不讓古人和先賢，則表示我們有充分的決心。

氣魄，又和我們對待時間的態度有關。

今天我們在商業世界裡最強調的就是時間。機會在稍瞬即逝，世界在急劇變動，我們一再告訴自己，最寶貴的就是時間，成功的人就是要懂得創造機會。

然而，對待時間這種志在必得的信念，固然是一種氣魄，卻只是凸顯氣魄之線性，卻有失於全面。

對於時間，我照著弘一大師的說法，想出了這麼一種觀點：「不讓機會是謂有識，不讓時間是謂無度。」

機會來時，我們當然一定要掌握，否則稱不上見識；機會還沒到來時，我們則必須聽從時間的聲音來等待，否則只有徒亂章法，事倍功半。

很多事情，一定要靠時間的沉澱，光靠機會，光靠急進，是沒有用的。

對於時間常聽到的另一種說法，是「爭一時，也要爭千秋」。表面上看來這也是氣魄十足。其實，只能說蠻氣十足。一時和千秋是兩回事。如同我們可以選擇在山腳看一番風景，也可以選擇在山頂看一番風景，但不可能同時又在山腳看，又在山頂看。

當然有人看過山腳也看過山頂的風景，但那還是時間給他的禮物，讓他有了個拾級而上，山上山下，風光一覽而盡的過程。光是逗留在山腳下，卻又要力爭一時又千秋的人，那只是他還沒仰頭，沒看到山勢的巍然與嫵媚。

而我們對人的態度，會左右我們對時間的態度。我們對時間的態度，又會回頭左右我們對人的態度。

如何決定成長的速度

高階主管要注意的各種策略中，首先就是企業成長的速度。換句話說，也就是企業呼吸的速度，動作的速度。

不同的人，對不同的企業，會設定不同的策略。其中之首要，就在於企業成長之策略。

你要一個企業的年成長率是百分之三，看來靜若處子，還是年成長率百分之三十，看來動若脫兔？

企業給外人的觀感與形象由此而來，企業內部的組織與管理也因此有別。

我接手過一個企業的經營。當時很多人給我建議：千萬不要成長太快。成長太快，老闆還是會要求你更高的成長率，總有滿足不了他的一天。況且，太快總會摔倒。相反的，如果慢慢地成長，每年都有進步，雖然進步一點點，但畢竟有進步，你自己輕鬆，老闆又滿意。

我選擇了前者，最後果然因為走得太快而摔倒。

如果選擇後者，真的就會沒事嗎？

我聽說過一個案例。在一個企業集團裡，有一家公司永遠只要在同業裡排名老二，即使有第一名的實力也不搶先。理由？如果搶到了第一名，那就成了明星企業，容易成為別人的標靶。永遠的第二名，就像雞肋，不會被人放棄，也不會被人眼紅。

這可是個很不錯的自保策略。但是，不求第一的心理，自己就給自己種下了從內部失敗的種子。最後，這家公司還是出了問題。

因此，我們到底要選擇百分之三，還是百分之三十的成長步伐，其本身並沒有一定的對錯，優劣。

重要的是這種選擇要配合環境的條件。環境需要穩紮穩打的時候，卻硬要快速成長；和環境需要更上層樓的時候，卻硬要原地打轉，都同樣危險。

這種選擇也要適合屬性。

如果你認為你適合動如脫兔，那就不要克制自己的熱情和能量。克制得多了，會生病。但是要記住，既然喜歡動，就不要隨便摔倒，摔倒了就不能動了。起碼總有段時間不能動。因此要動中求靜。

如果你適合靜如處子，那就仔細地保持自己的力量，每一步跨出去都顧盼自雄，無懈可擊。但是要記住，不要落於一灘死水。死水就是雕像，而不是處子了。因此，要靜中求動。

不論哪一種選擇，總要忠於自己的信念，知道自己長期的方向所在，前後的思想和行動保持一致。

信奉動如脫兔的人，摔倒了，什麼氣也不要吭，拍拍灰塵，紮紮傷口，繼續再朝目標挺進就是。

信奉靜如處子的人，不隨別人的鼓動而起舞，穩定而持續地邁進，不達目標絕不罷休。

不論高與低

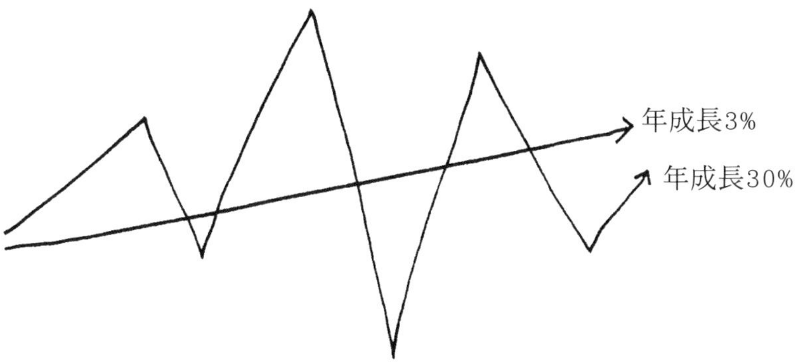

年成長3%還是30%，沒有絕對的好壞。認清自己的性向，不論成敗都面對現實，承擔自己該負的責任，那就前行吧！

品牌經營和「第一」

近來由於三星電子的耀目表現，台灣和韓國兩地的產業及企業特質的比較，成為話題。

我因為在韓國居住過，對那兒的人情習俗略有了解，所以想在「品牌」這件事情上，談談他們有什麼可以參考之處。

先談對我們可能僅止於參考的事情。這和他們整個社會的消費習性有關。

消費者追求名牌，是各國、各地都有的現象。但是在韓國，不論是社會上哪個層次的人，大家對品牌都有種格外的敏感與執著。不論哪個社會，都有人傾向於把某人所使用產品的品牌，和他的身分與地位劃上關係。但在韓國，格外為烈。

幾年前看到一則發自首爾的外電，說當地一所貴族學校的孩子哭求家長轉學的新聞。原因是他父親開的車子的品牌，讓他在同學面前抬不起頭來。而他父親開的是奧迪的車子。

從某一個角度來看，這種對品牌的掛念與在意，是一種奢侈與虛榮的反射，不足為訓。但是從另一個角度來看，也是這種對品牌隨時上心的注意和關切，使得他們自己在經營起品牌的時候，也會投入不同於別人的心力。

此外，韓國也有我們不只是參考的地方。

談到像三星這種企業的發展，有人就認為那是韓國舉國之力「護持」出來的例子，無從借鏡。但事實不只如此，暫擱他們一些爭議作為不談，還是有我們可以學習之處。

那就是他們要做品牌，就敢向世界頂尖挑戰，或者要決心做世界第一的企圖。

三星電子今天是世界級的品牌。品牌價值早已遠超過索尼等日本企業。二十年前沒有人會相信，可韓國人卻從沒放棄過自己的這種夢想。李健熙的父親叫李秉喆，是三星集團的創始人。他在五〇年代就創辦了「第一毛織」。小時候我記得「第一毛織，世界第一」

這種宣傳就到處都是。至於李秉喆在六〇年代就創立三星電子，其後李健熙接棒後如何攀登到今天的故事，這裡就不必贅言。

韓國人對「第一」的執著，可能也和他們的語言有關。在韓文裡，「第一」這個詞就代表「最」的意思。你去一家餐廳，問老闆什麼是他們最拿手的菜，韓文就是問：「你們家第一好吃的菜是什麼？」

韓國人追求「第一」的決心和企圖，尤其顯示在運動競賽上。台灣人在提到運動的時候，總是很務實地比較雙方的條件和過去成績，再設定自己表現的滿意值。所以我們經常說什麼「坐三望二搶一」這種話，又甚至經常以上一屆成績是第六名，這一屆成績是第五名的進步就滿足了。

韓國人卻總愛瘋狂地追求「第一」。二〇〇二年世界盃足球賽在日韓舉行的時候，韓國一打進前四強，韓國去東京的機票就賣光了，因為很多韓國人都相信那一屆決賽一定是韓國和巴西打，甚至韓國就是最後冠軍得主。我們先放下那一屆韓國隊的種種爭議不談，他們連足球都敢期許向世界第一挑戰的企圖，是值得注意的。七〇年代的奧運，台灣和韓國都是同樣的一金難求，時至今日，兩者差距千里。造成這種差距的，正是那種追求「第一」的企圖和決心。

企業也是同理。穩紮穩打，踏實經營，是我們最大的優點。但是和韓國比起來，台灣的企業，也和運動有些類似，往往就是少了份非第一不可的決心和企圖。衡量現實，以「老二主義」來取得實力、站穩腳步固然是好的，但是這種心態至少在潛意識裡也有相當的風險：甘於亦步亦趨，而失去挑戰自我、突破自我侷限的機會。

在奧運競賽上，我們早已看到長期「務實」的「老三主義」、「老四主義」帶給自己的結果是什麼。在品牌經營這件事情上，也該提醒自己。

電視遊樂器祕訣

工作上所得到的經驗與教訓，越是深刻的，越是珍貴的，就越簡單。簡單到別人苦口婆心地告訴我們，我們卻總是會忘記，甚至覺得無足輕重。總要自己實際經歷一遍，再度接受一次經驗與教訓的衝擊與洗禮，才會體會到其中的意義。

有些人在這個過程裡，可以很快地學乖，免除很多嘗試痛苦，有些人則不然。所以，有沒有感覺和能力來吸收前人的經歷，是自我精進一個很重要的因素。

也因此，聆聽，以及尋找祕訣，在工作上是很重要的。

我曾經不可自已地迷戀過馬利兄弟那個電視遊樂器的遊戲。

馬利兄弟最後一關會碰上一個極其凶惡的敵人。這隻惡龍全身有用不完的武器，不停地飛擲過來，我怎麼閃躲也近不了牠的身，總是兩三下就清潔溜溜。後來看看攻略本（祕訣），上面說，必須要在進入最後一關之前的某個地方多增加幾條命。

這地方是一個階梯。你來到階梯下方時，階梯頂端會有一些敵方的烏龜滾滾而下。你要迎面殺上去，把所有的烏龜都殺掉，但是，最後一個烏龜，你卻不能殺死。祕訣說：「在第三階階梯上把最後一個烏龜踩住，用腳踢牠。」這樣你可以得到許多生命，進入最後一關才能冒著箭矢和惡龍決鬥。

天啊。真是說來容易。怎麼踩？在階梯的什麼位置踩？踩的輕重如何？又怎麼踢？一個不小心，不要說是把烏龜踩成龜殼，你自己就從馬利兄弟變成馬革裹屍了。

我試了好多次，不，好幾個月吧，一直在這個階梯戰場上壯烈成仁。所以，後來我想這個祕訣不是寫錯了，就是逗人開心，乾脆放棄，試著迂迴用其他方法和惡龍決鬥。但是都沒成功，於是不得不又回頭。

那一天半夜，已經又進行了無數次慘烈的仰攻戰役之後，突然，我聽到清脆的金幣聲響起，龜殼不停地在馬利兄弟的腳下和階梯之間來回震動，不停地，不停地。我的馬利兄弟則不停地躍起再躍起，每一躍起就會響起一次金幣聲，生命又增加了一次。

原來，你必須在第三階樓梯的邊緣上跳起來輕輕地踩烏龜一腳，這樣牠才會靜止不動。然後，你再跳起來，踢這個靜止的龜殼一腳。於是龜殼就會在你的腳下和階梯之間來回震動，每震動一次就增加一次你的生命。最多可以增加一百多次生命。整個關鍵，在於你必須在第三階樓梯的邊緣上跳起來，龜殼踩住之後，龜殼的中心正好落在第三階樓梯的邊緣上。

多年前，在我沒有任何宗教信仰之前，那是我第一次體會到基督徒見證上帝的心情。真是風聞有你，親眼見你。

工作的祕訣，也是如此。歸納的結論，是很簡單的。悟性好一點，體會得深一點，就少走一些冤枉路。悟性差一點，體會得沒那麼深，就多走一點冤枉路。

但最重要的，要尋找祕訣，找到之後要相信，相信之後要實踐。

很多人沒有讀過電視遊樂器遊戲的祕訣，但是很多人都讀過比電視遊樂器遊戲祕訣高明千百倍的智慧書籍。只是，我們又相信了多少，實踐了多少？

過關之前

過關斬將，人生快意莫過如此。但也正因為太過快意，所以往往渺不可得。

我總覺得，電視遊樂器之風行，其魅力正在於滿足了真實人生中這種渺不可得的快意。

然而，遊樂器上的過關，和真實人生中的過關，畢竟大不相同。

遊樂器上的關卡，有一定數量，有盡頭；真實人生，卻不然。

遊樂器上的關卡是有節奏的，規律的；真實人生，卻是毫無蛛絲馬跡可尋，來無影，去無蹤。

遊樂器上過關，只要掌握到每一關魔王的罩門，一定可以擊敗他。另外，過關之後的下一關是如何情況，大家心裡總是有數，甚至有所期待，躍躍欲試。

但是在真實生活裡，大家卻沒有這種把握。我們不知道魔王是在何時出現，出現的相貌及攻擊點又何在。這一關到底要怎麼過，要先吃到哪些金花、香菇，擁有哪些武器才能過關，心裡也完全沒數。

不但沒數，有時候，連自己過關了沒有也不清楚。過關之後，下一關的情景會如何演化？是風平浪靜，還是另一波驚濤駭浪，也不知道。更有甚者，明明已經過了關而不自知，還要重新回頭陷入重圍的也比比皆是。

因此，在電視遊樂器上，大家願意百折不回，一試再試地闖關，真實生活裡，碰到難關卻總是能躲就躲。

然而，遊樂器和真實生活畢竟還是有相通之處。

那就是我們的生活，或是工作發展到某個階段之後，難關是一定會出現的。電視遊樂器上這個難關是程式設計師設計出來的，真實生活裡，這個難關卻是我們自己設計出來的。

我們健康上出現難關，不是自己吃出來的，就是起居不正常出來的。我們財務上出現問題，不是太相信別人，就是太放縱自己所造成。我們工作能力不足，不是以前努力不夠，就是跳躍成長得太快。我們愛情出現問題，不是沒有照顧好自己應該愛的人，就是照顧了太多自己不該愛的人。我們被人欺負，不是自己委曲求全於不應該的人，就是缺少了尊重自己生命的智慧。

我們所有的難關，都是自己造成的。但是，難關的成形，一方面是各種積習沉澱之後的危機，一方面也是促使自己改變積習，往更高明的生命型態蛻變的轉機。

所以，碰到難關，千萬不能躲，更不能隨便關機，企求從頭再來。

玩電視遊樂器的時候，因為知道自己要過關的話，大致要先具備哪些條件，所以萬一某些條件不足，很容易放棄拚鬥，乾脆關機重來一遍，讓自己在新的一局遊戲裡面多小心一點，多累積一些武器和條件再闖關。但事實是，每當我們抱這種希望時，最後的結果都會適得其反。上一局遊戲裡沒能保住的戰果，新的一局裡照樣拿不下來。

真實生活裡，我們更沒有隨便關機的本錢、條件，與資格。

有些事情，我們根本無法重新開機。

有些事情，重新開機後，只要主角還是我們自己，局面就仍然依舊。

過關之後

要過關，固然需要各種條件及能力的配合，但最重要的，還是自己心裡的堅持、自信，甚至加上一點輕鬆。

我有過一個經驗。

有段時間，我覺得自己整個人，和整個工作環境，都進入了一個前後不得的困境，也就是面臨了瓶頸。

馬拉松選手跑到一個狀態後，聽說會面臨一個「風牆」。當時我的感覺也是如此，很清楚地感覺到面前就是一堵牆。你想要撞破，但是其堅如鐵；你想要迂迴，但是那堵牆卻無所不在。

身後的隊伍在熙熙攘攘，但是你清楚地明白自己已經走到了盡頭。

牆的後面是風光無限，但卻無從再進。

折騰了好一段時間，再也沒有任何方法可想之後，我決定告訴自己：沒有什麼無從再進。我根本不再去思考如何打破那堵牆，而把自己直接策馬到牆後的平原上。

牆就這樣消失了。關也這樣過了。

過關的痛楚千奇萬有，這一次的記憶卻非常特別。好像電視遊樂器裡的魔王，大都要和他面對面地廝殺得粉身碎骨，但有個遊戲裡的魔王，祕訣卻在於要打他身後的一堵牆，把牆打破了，寒流湧進來，他就會被凍死。

如果說過關之前最忌的是氣餒，那麼過關之後最忌的則是得意。

得意，一來意味著太過於自我陶醉；二來意味著對接下來的局面有太多樂觀的期待，好比童話故事裡「從此公主王子過著快樂又幸福的生活」。

事實上，工作世界裡的難關，永遠不會消失。一關一關，一波一波，連綿不斷，前後呼應。

每件工作，都有其前因、後果。每個決策，都有其來龍、去脈。每年的經營，都有其困頓、進展。因果交相影響，問題相互成形，難關也就連綿構成。除非我們停止呼吸，否則，要永無止息地面對。

在這無止無息的浪濤中，老子有句話：「禍者福所倚，福者禍所伏」，是每個工作的人都要記住的。禍福相倚，前一關豪氣干雲的突破，卻可能引入下一關伏兵齊起的陷阱；前一關灰頭土臉的敗退，也可能轉進下一關居高臨下的優勢。

我們永遠沒有時間為自己的失敗而嗟嘆，也永遠沒有時間為自己的勝利而歡慶。

我們唯一能做的，就是提醒自己：「打第一百次敗仗之後，還要保持第一次出征的銳氣；打第一百次勝仗之後，還要保持第一次出征的謹慎。」

4 故事

永遠前進的鮑布・狄倫

我很喜歡鮑布・狄倫（Bob Dylan），曾經出版過他的傳記《搖滾記》（*Chronicles*）。雖然喜歡，卻遠不到著迷。直到二〇一一年四月，在北京看了他的演唱會之後。

他的演唱會，一向不事先預定曲目，看現場決定。想跟參加其他人的演唱會一樣，期待聽到當年為之著迷的某些曲目，往往要大失所望。只能靠運氣。更有意思的是，即使他唱了你熟悉的曲目，旋律、節奏，甚至歌詞，都可能大幅改變，以致於很可能根本聽不出那是你熟悉的歌。

那年台北場的演出後，網上看得到類似的議論。北京場的演出後，大陸很多失望的人，反應就更激烈了。

可我卻從那天晚上起，成了他不折不扣的迷。有兩個理由。

一個是理性的理由，計算得來的。

從一九六九年開始，鮑布．狄倫開始了一系列「永無止盡巡迴演唱會」（Never Ending Tour）。去他官網可以看到每一年每一場演唱會的時間和地點。

從那以後到現在的二十二年間，他每年巡迴世界各地演出大約一百天，加上前後奔波的旅行時間，表示每年至少有一半時間「在路上」。

更厲害的是，這一百場演唱都安排得相當密集，並且前後場的地點，也不見得是順序緊鄰的國家或地區。如果再算上今年他已經七十歲還可以維持這種驚人的空間移動紀錄，只能說佩服。何況人家還是維持二十二年的紀錄。

另一個理由是感性的，他的現場帶來的。

一如往常，鮑布．狄倫那天也把自己的音樂做了大幅即興創作的改編。

除了Like a Rolling Stone、Forever Young、Love Sick等幾首比較清楚地聽出原先的旋律之外，對我這個並不是很追蹤他的人來說，幾近不可辨認。但即使如此，卻完全不妨礙我感受他引導樂隊有如水銀瀉地卻又收放自如的熱情，以及充滿其中的能量。

其中有一首又特別迴腸盪氣，因而散場後，我趕快借助勉強聽清楚的一兩句歌詞，查出那首歌叫做〈命運的簡單扭曲〉（Simple Twist of Fate）。很突然地，就在我聽了溫柔少了七分，激昂多了三分的原唱版之後，突然明白他為什麼要一路把自己的音樂改編得面目全非。

那不是改編，那根本就是再創作。

鮑布．狄倫的音樂再多，連續二十二年每年巡迴各地唱一百場，也不可能不重複。他能如此長時間地巡迴演出，靠的是這種再創作的樂趣。而他這樣長時間的巡迴再創作，一定又會對他的新創作產生動能與啟發。

是這些相輔相成的樂趣與作用，才能支持他如此巡迴演出，始終能量不減、熱情不減、自得其樂不減。所以，去聽鮑布．狄倫的現場，當然是什麼都能期待，就是不能期待他用你所期待的方式來演唱你期待的曲目。

那晚我回家摘錄他在《搖滾記》寫他剛到紐約的那一段心情：「眼前這地球一小角落的黝暗森林和結冰道路是嚇不倒我的。我可以超越極限。我追求的不是金錢或愛情，我……不需要任何人向我擔保我的夢想會實現。在這陰暗且冰天雪地的大都會，我一個人也不認識，但事情將會改變。」

七十歲的他，和當年那個他沒有改變。

賈伯斯（Steve Jobs）說他在二〇〇四年第一次遇見他的偶像鮑布．狄倫的時候，生平頭一次舌頭打結，不是沒有原因的。

鮑布．狄倫真是永遠的工作者。

愛唱歌的湯姆

不論來自朋友的激勵，還是來自對手的訓練，都只是觸媒。真正的燃料，仍在於我們自己本身。

反求諸己的時候，有兩個因素很重要：一是意念，一是紀律。

意念左右所有事物的形成，以及發展。前面談過。紀律，則有助於意念的形成，以及實踐。

意念與紀律，一體兩面，相輔相成。有多大的意念，就需要多強的紀律。有多強的紀律，也就會實踐多大的意念。

意念之重要，不在其大，而在其清晰。紀律的重要，不在其嚴苛，而在其規則。

在出版這個領域裡，有一個行業叫作「版權代理與經紀」（Rights Agency）。所謂「版權代理與經紀」，說得比較簡單一點，也就是代理某個作家，或某部作品，幫這個作家或這部作品，找到最好的出版者，爭取到最好的版稅待遇。

這個行業裡，有一個人叫Tom Mori，是全世界都知道的人物。

Tom是個大胖子，皮膚黑黝黝的，整個人都是圓形的組合。眼睛、嘴巴，在不談生意的時候，大部分時間也都是笑得圓圓的。

他當然很成功。《洛杉磯時報》報導過他是全世界唯一開勞斯萊斯，手上戴好幾克拉鑽戒的版權代理者。

然而，湯姆先生其實是個日本人，名叫森武志。他以一個身在日本的版權代理者，卻在以英語作家與出版者為主的世界版圖上打下了一片天地。

湯姆當然會講英語，但會講英語絕對不是他能有這番成就的原因。

湯姆當然精明得厲害，但光是精明厲害不會讓人吃你這一套一吃二十年。

有一次，我和他在東京的街頭連喝了兩三攤酒。唱完卡拉OK，我問他：他在工作上有什麼祕訣。

他看看已經快兩點鐘的手錶，說：「不論我回家多晚，早上六點，我一定起來看CNN的新聞。九點鐘之前，一定把該看的外文報紙看完。」

他的意念很清楚：要做版權代理者，就一定要在世界舞台上當個版權代理者，不能只是代理代理日本作家了事。

他的紀律很徹底：一定要趕在別人還沒醒過來之前，先掌握這個世界的新聞，從其中發現有什麼新聞人物是他可以去遊說寫作的對象，有什麼新聞事件可以讓他炒熱手邊代理作品的身價。

湯姆的作風十分強勢。很多人不見得喜歡他。我看過很多人當著他的面和他笑得一樣圓，但是背後提到他卻是另一副表情。

但是每當我想到意念與紀律的時候，一定忘不了那個身體圓圓的，手上亮晶晶的，拿起麥克風可以把I Left My Heart in San Francisco連唱三遍的Tom Mori。

後記：一九九八年北京書展上，我接到一個消息，湯姆因為突然發現肝癌末期，在兩個月不到的時間內過世。回台北後，我趕去東京，參加他的告別式，見他一面。

微笑的彼得

法蘭克福書展，原來只是德語系出版界的一個活動。二次大戰之後，因緣際會，發展成最具國際性的書展。雖然有些英語系國家也設立了自己的書展企圖取而代之，卻沒有成功。今天的法蘭克福書展，稱為書展中的書展。不論哪一國出版界的人，每年總要朝聖一次，恭逢其盛。

參加這個書展固然有其收穫，不免也有些挫折感。去過的人都知道：即使是日本這樣的出版大國，在法蘭克福書展的活動中，仍然處於邊陲地帶。更何況我們。

我去法蘭克福，就經常情緒起起落落，直到有一年，遇見一位彼得先生。

那年，在第四館裡被轟炸得相當疲憊（這個館以英美出版公司為主），於是找了一天下午，去了地理位置不算很適中的第五館（全部是德語系），純粹是毫無目的地閒逛。避開了龐然巨物的貝特斯曼出版集團，鑽到三樓。那裡都是一個個單一展位的小出版社。

在擁擠的人群裡，我眼角的餘光被一道閃光所吸引。是一面鏡子。

鏡子嵌在一本精裝書的封面上。

書裡，收集了許多作曲家、畫家、建築師、詩人的肖像攝影，以及他們的作品草稿。雖然不懂德文，但是，一下子就被整本書的設計概念、生動的內容、精彩的攝影，以及無懈可擊的印製所震懾。當然，最畫龍點睛的，還是那面鏡子。所有閱讀這本書的人，也同時在這本書裡留下了影像。

攤位上只有一個四十多歲的男人，攤位的上方則掛著一顆白菜。我問他掛顆白菜幹嘛。他笑笑：「柯爾啊！」（白菜和德國總理的名字同音異義）。

他叫彼得。住在奧地利邊境上的一個小鎮。整個出版社就他一個人。從編輯概念到設計到成書，都是他完成的。那麼精緻的印製，在他小鎮上一家小工廠裡做出來。主要的發行，都是他自己騎著單車，自己送去書店。忙的時候多送兩家，不忙的時候，就在店裡多聊幾句。賺的錢還夠，因此一年出十來本書，就只挑他最喜歡的書來做。

在那個強調跨國出版集團的合縱連橫、強調暢銷幾百萬冊作家的書展舞台上，看著他，我突然想到一句：「日出而作，日入而息，帝力於我何有哉。」

我問他，在巨型出版集團無孔不入的侵入下，他會不會感到壓力很大。

彼得淡淡地笑笑：「不會，他們做不出我的書。」

有時候，第一，是要站到聚光燈下去搶的。第一的成果，是要公告天下的。但更多時候，第一是不需要比較的，孤獨的，不為人知的。但是這個時候，我們更要珍惜，更要相信自己，更要淡淡地微笑。

後來，每年去法蘭克福，我總會努力設法去見見他。看看他這一年又做了什麼，也給他看一兩本自己覺得還可以拿得出手的書。

財富的天王

高手可以隱於市井。高手當然也可以居於廟堂。

有一種高手，雖然顯赫又威風，但是大家談起來的時候，卻總是多少帶有點貶義—賺錢的高手。

但是有兩個賺錢的高手，卻讓我大開了眼界。

有一年，我在《財星》雜誌上讀到一個金融界大亨的報導。這位先生給自己定下的工作目標是，每天都要想出九個每筆可以賺上一百萬美元的案子。

我自己一直沒有把金錢當過工作的主要目標，因此這位先生追求財富的眼界和手筆，令我十分驚嘆。但是也許因為畢竟道不相同，所以，即使剪存了他的資料，後來也散失不見。

一九九七年的一則外電，卻讓我見識了另一個人物。

美國布魯克林工藝大學，有一位任教了六十年的歐斯默教授。這位老教授和太太生活簡樸，住在布魯克林區，平日搭地鐵通勤。兩人膝下無子，積蓄則交給華爾街一位投資專家管理。

老教授和老太太，分別在近年過世。過世後清理這位投資專家幫他們管理的財產，竟然累積了八億美元。八億美元的遺產，有四分之一捐給布魯克林工藝大學。這筆金額，相當於該校歷年總捐款數的四倍，幾乎可以立即將該校提升為名校之林。

我沒看過財富的故事如此動人。

那麼，幫他們創造了這筆財富的那位投資專家又是誰？

華倫．巴菲特（Warren Buffett）。

巴菲特，人稱證券界的天王，在近年比爾．蓋茲因微軟增值而成為全球首富之前，多年雄踞這個寶座。我以前對他的所知，也僅限於他是一個全球知名的投資專家，一個極善於累積財富的人。

在歐斯默的故事裡，兩位老夫婦在一九六〇年代把總共五萬美元的積蓄交給巴菲特，後來取得巴菲特旗下控股公司的股份。當時的股價，每股僅四十二美元，現在，每股則高達七萬七千二百美元。這就是八億美元遺產的來由。

一個人很懂得賺錢，能夠給自己掙來全球首富的財富，實在很了不起。不但自己能夠賺來這麼大的財富，甚至可以嘉惠到相信自己、跟隨自己的人如此之深，則更令人嘆服。

很多人在談到財富的時候，總相信無商不奸的道理，總相信人無橫財不發的原則，總相信吃人不吐骨頭的精神。

但是巴菲特和這對老夫婦的故事，卻讓我們有一番不同的回味。

最大的財富，必須和最多的人分享。

財富的世界，原來也可以如此信任、共享、溫暖。

我從沒有像讀過這個報導之後，那麼想去追求財富。

巴菲特真是個高手。

戚繼光和李成梁的故事

在高階主管的層次，考慮各種成長策略的時候，有時候會涉入許多就事論事以外的因素。或許，簡單一點地說，就是政治的因素。

看一個歷史上的例子比較清楚。

明朝末年，戚繼光因為在東南沿海掃蕩倭寇的戰功，而調到北方戍邊，對付蒙古方面的威脅。戚繼光主要採一勞永逸的策略。出擊的時候，他力求一舉肅清，讓對方不敢再犯；防守的時候，他大修長城，研發各種新的軍事理論與戰術，從長期著眼來鞏固防線。如此，戚繼光威名遠播，北方平靖，十數年不見烽火。但因為長久不見烽火，一來累積不了戰功，無法封侯進爵，二來重要性容易為人忽視，結果日後因「不宜於北」四個字被貶調廣東。

李成梁是當時另一位名將，鎮守遼東。他的策略和戚繼光完全不同。對付女真，他一方面以夷制夷，拉一個打一個，二方面不求一舉清除，反而要留下敵人一點退路，以便自己隨時有仗可打，有戰功可以累積。結果，關外烽火不斷，他不但戰功一再累積，爵位最高封了伯，並且也成為朝廷不可或缺的棟樑，沒人可動其分毫。

到底是戚繼光聰明，還是李成梁聰明？

戚繼光雖然在張居正死後就立刻失勢，吃到自己不會當官的苦頭，但是今天大家不但記得他是一個為明朝保持了一些元氣的大將，他的種種練兵心得，甚至連他所發明的「戚繼光餅」，都流傳至今。

李成梁雖然在當時不可一世，紅極一時，卻也因為他以夷制夷、欲擒故縱的策略，最終養靨遺患，反而促使努爾哈赤崛起，不但統一女真部落，更進而奪得大明天下。

歷史不過二三事，總是重複而已。

企業裡的情況，也是如此。

也許，你會說，機關難免要算，以夷制夷，欲擒故縱，歷史上也有許多成功的事例，李成梁只是運氣不好，碰上努爾哈赤這種不世出的開國之君，否則，他的機關不見得算得不對。

話不能這麼說。這要看我們的根本立場。

以夷制夷，或欲擒故縱，如果出發點是為公而不是為私，如果只是我們一時不得已的妥協，當作一種過渡的手段來使用，那是一回事，如果出發點是為私而不是為公，如果目的是為了挾敵而自重，那又是另一回事。

因此，你要選擇戚繼光的策略，還是李成梁的策略？

怎樣選擇才算聰明？

請問你的良心吧。

遲來的拳王

小時候在韓國，我很愛看拳擊。阿里（Muhammad Ali），是我少年時期最佩服的拳王。

阿里的蝴蝶腳步，特立獨行的霸氣，不惜被剝奪拳王頭銜也堅拒參加越戰的理念，成為全球拳擊迷的偶像。

所以，我從不認為趁他與美國政府爭訟的期間而登上拳王寶座的傅雷瑟（Joe Frazier）是個拳王。也因此，等阿里終於解決了與美國政府的糾紛，在一九七一年重返拳壇與傅雷瑟交手時，我和所有其他的阿里迷一樣，認定他一定可以輕鬆地解決傅雷瑟，奪回被篡奪的寶座。

不敗的阿里，卻在那一戰，輸了。

我對阿里的熱愛並沒有稍減。但是對那名個子矮小，像頭蠻牛一般永不後退的傅雷瑟，倒也刮目相看。傅雷瑟終於證明了他並不是浪得虛名，的確有拳王的實力。

一九七三年，傅雷瑟在衛冕戰中，遇上了一名年輕的拳手。他的個子比阿里還高，陰沉而猙獰。他的戰力極為可觀，但是，他這次碰上的卻是連阿里也要認輸的傅雷瑟呢。不是嗎？

然而，鐘聲一響，傅雷瑟就像個不會打拳的小孩子，被這個高大的年輕人一路打得潰不成軍，被擊倒六次之後，第二回合就只得認輸。

我看著螢光幕上傅雷瑟的慘敗，不敢置信。

那是我第一次目睹佛爾曼（George Foreman）在擂台上的雄風。

我和全世界億萬拳擊迷一樣，相信一個新時代來臨了。三十二歲的阿里，二十九歲的傅雷瑟，俱往矣。二十五歲的佛爾曼，以他三十八戰三十八勝，並且其中三十五勝都是擊倒勝的威力，短時間內再沒有任何人可以與之抗衡。

佛爾曼的確沒有辜負大家的預期，接下來向他挑戰的人，能在三個回合裡不被擊倒，就算是一個成績了。

這段時間，阿里則繼續滑落。又輸給一個名不見經傳的拳手，再添一筆敗績。

因此，當一九七四年阿里終於得到一個機會，可以和佛爾曼挑戰的時候，大家固然為阿里一面倒地加油、喝采，但是，真正相信阿里有機會打贏這一仗的，全世界沒有多少人吧。

阿里卻讓大家跌破了眼鏡。

他發明的「繩邊抵抗」戰術，以柔克剛，不但挨過了三個回合，更在第八回合一拳把佛爾曼擊倒。那時候我來了台灣，看不到轉播。我只記得國外雜誌上有一幅照片，高大的佛爾曼仰面倒在蔚藍的地板上，好像跌落一片海洋。

阿里第二度登上了拳王寶座，開始了另一頁的傳奇。後來，他三落三起，以前後三任拳王的戰績名留青史。

佛爾曼，卻逐漸失去蹤影。

由於台灣電視很少轉播拳擊，再加上後來畢業、就業，我對拳擊的興趣也就越來越淡然不見了。只是，偶爾勾起什麼回憶的時候，心頭還是會掠過那個曾經無堅不摧的佛爾曼。再後來，從偶然看來的一個消息中得知，他改行去當牧師了，四處布道。

一面很想知道他到底怎麼了，一面也不能不感嘆人生無常。

直到二十年後。

一九九四年底，我出差回國，在飛機上看報紙，忽然看到一塊不大不小的新聞：四十五歲的佛爾曼挑戰拳王摩爾（Archie Moore），在一路挨打了九個回合之後，第十回合擊倒摩爾，第二次登上了拳王寶座，創造了拳擊史上最高齡封王的奇蹟。

比當年看到他倒在阿里的拳下，我還要目瞪口呆。

下飛機後，我急忙找各種報紙，並且到網路上的Compuserve查詢資料。大家講的都不多，大致都是說佛爾曼獲勝後，跪倒在擂台上的一個角落，喃喃地說他終於驅走了盤旋在心裡的一個魔鬼——他終於告別了阿里擊倒他的陰影，在二十年之後。

但是我不滿足。

對一個拳擊手來說，三十五歲已經是要退休的年紀了。何況是四十五歲？佛爾曼為什麼會銷聲匿跡了二十年之後，以四十五歲的高齡還可以東山再起？是什麼動力驅使他完成了這個不可能的任務？他為什麼要這樣做？怎麼做到的？

第二年的美國書展上，我讀到了他的自傳：《遲來的拳王》（*By Geroge*）。輸給阿里之後，他的確根本無法承受這個事實，因此自我放縱，自暴自棄，終至於連再度挑戰的權利都輸給了不該輸的人。

他的瘋狂與自我毀滅，後來因為接受了基督而獲得平靜與沉澱。他決定當神的使者，而不再當一名拳擊手。

一九八七年，他開始重新出來打拳，因為他決心為一些迷途的青少年募集基金，所以想到重作馮婦。他相信，是在上帝的指引下，經過七年的奮戰，他完成了這個奇蹟的任務。

這個時候的佛爾曼，圓頭大耳，慈眉善目，完全不復當年暴戾猙獰的面貌（從他身上，我真了解了什麼是「相由心生」）。

然而最讓我動容的，還是他談到這次奇蹟幫他解決了壓抑在心底二十年的一個悔恨。原來，和阿里那一仗，他被擊倒之後，在裁判數他數到八的時候，他似乎恢復了力氣可以重新起身作戰。但是在身心俱疲的狀態下，他放棄了再站起來的念頭，任由裁判數到十，決定了敗局。

20年

= 20 × 365 天

= 20 × 365 × 24 小时

= 20 × 365 × 24 × 60 分

= 20 × 365 × 24 × 60 × 60 秒

= 630,720,000 秒

= 315,360,000 個 2 秒

放棄堅持最後2秒，你可能有315,360,000倍的悔恨。

後來，儘管他找到了生命的歸宿與方向，但是二十年來，他最常問自己的一個問題，就是：如果當時他站了起來，繼續打下去，情況又會如何呢？這個疑問像一隻毒蛇似地啃齧著他。

未曾停止。

重新登上拳王的寶座，是給自己一個戰勝這個魔鬼的機會。而他做到了。

人，不免失敗的時刻。盡其在我，技不如人的失敗，是沒有什麼好遺憾的。最可怕的失敗，是當自己還有一搏的力氣與機會時，卻自己放棄，放水的失敗。

佛爾曼是個幸運的人。他不但在拳擊史上締造了另一個可以和阿里相輝映的紀錄，也在悔恨吞噬了二十年後，終於自己找到了救贖之道。

除非我們也有勇氣與機遇在二十年後捲土重來，否則，就不要在最後的一秒鐘放棄。

後記：一九九八年，以佛爾曼和阿里兩人在二十四年前那一戰而拍的紀錄片：《我們稱王的時候》（*When We Were Kings*），得到奧斯卡最佳紀錄片獎。

一頭大鯨魚：衛浩世

要我提一個我認識的鯨魚，有。

二〇〇三年三月，我匆匆去了一趟法蘭克福，為一個半年前的約定，見一位朋友。三月的法蘭克福，比每年舉行書展的十月還冷了許多，說來正是春寒料峭。也因此，短短兩天時間，我們在飯店玻璃窗下，曬著太陽談話的一些畫面，回想起來很溫暖。

那位朋友當時剛從一個工作二十五年的崗位上退休。不像過去多年來每次見到他都是西裝筆挺，身材高大的他穿了一件皮夾克。由於在我抵達的前兩天，又摔傷了右臂，所以動作也遲緩一些。

不過，他讓我分享了一個消息。就在幾個月前，世紀之交的時候，法國一家媒體選出近二十年來影響歐洲的人物，德國有三人入選。一是前總理柯爾，一是一九九九年諾貝爾文學獎得主葛拉斯（Günter Grass），另一位就是他。

衛浩世（Peter Weidhaas），這個前一年法蘭克福書展以盛大的退休晚宴歡送他，接著以「書展先生退休」或「書展教父走下舞台」相關新聞出現在德國與歐洲媒體的人，的確當之無愧。在他二十五年的法蘭克福書展主席任內，不但一手把這個書展打造成出版界的麥加，也牽動全世界的文化產業神經。

衛浩世出生於一九三八年。青少年階段，正是二戰結束之後，德國在重建經濟的時期。他們父輩忙於工作，無暇照顧下一代的教育，只會以傳統的權威方式來要求子女。

衛浩世在這種環境裡長大，「厭惡社會上發生的一切，但又缺少勇氣。」他先是在學校裡成了一個桀驁不馴的學生，終至遭到開除，後來為了尋找支撐和方向，開始大量閱讀。讀書固然幫他找到生命的意義，但也讓他陷入另一個憂鬱，自疑，甚至自恨的境地。因為隨著戰時猶太人遭受屠殺的過程逐漸遭到揭露，他也開始感受到自己文化裡的原罪，對自己的國家甚至周邊的人怎麼可能參與過這樣的事件而感到不解與憤怒。最後，他激烈地反抗自己的家庭、國家，甚至語言，離開德國，在歐洲展開一段長期的自我放逐。

他的流浪生涯固然有許多困頓，但也有浪漫迷人的一面。多年後他這麼回憶：

「當你度過忙碌的一天，把你勞累的頭放倒在枕席上時，你還不知道明天會發生什麼……或許是在法國北部的一座修道院的一個房間裡，在一張特大的法蘭西床鋪上和十二名黑皮膚的伐木壯漢同床共枕，或是……在義大利福吉亞一座度假別墅裡，和三名從沙灘上看中你的義大利女孩共度良宵。或許你不得不逃離一座茅舍，因為一隊激動的病態土耳其士兵前來巡視，或者你也會在塞納河畔一家廉價客棧花上幾個銅板度上一夜。」

期間，他做過書店學徒、建築工人，也曾因為瘋狂地愛上一個丹麥的少女，一路追隨她到了丹麥；為了定居在丹麥，他則進了這個少女家族的行業，到印刷廠去當學徒。最後，他和這個少女並沒能結婚。但是他卻由印刷廠的學徒而進入出版業。

之後，他結束了這段瘋狂的求索之旅，決定重回德國。在一九六八年，全世界學運達到高潮的那一年，他卻反其道而行，回到主流，加入法蘭克福書展，由展覽部的一個助理，而派駐南美而再回到德國，於一九七四年開始擔任法蘭克福書展主席。他由一個流浪漢而成為逐漸打造出全世界最大書展的人，躋身全世界出版業界最有權力的人物之一。他也由一個全面抗拒自己文化與祖國的人，成了一個為自己文化與祖國代言的人。

這些過程，他在自己的回憶錄之中寫得很生動。他回憶錄原書名的意思是「把自己的憤怒書寫在書架的灰塵之上」，我出版他的中文版時，書名則定為《憤怒書塵》。

我第一次見到衛浩世，是在一九八九年，時報出版公司任內。當時台灣力圖洗刷海盜王國之名，不但修法積極保護國外作者的著作權，也加上經濟起飛等因素而希望全面與國際出版社會接軌。因而就在版權代理公司這些新興行業出現在台灣的同時，新聞局也來找我，希望由時報出版公司出面，第一次正式組一個台灣團，到法蘭克福書展設一個台灣館。

頭一次參加法蘭克福書展的人，都要受到一些震撼。在那個紙張出版品鼎盛的年代，更是如此。這樣，在漫天而來的各種訊息與印象中，我以「台北出版人」展館策劃者身分去拜會了衛浩世。

這樣，我們從他每年書展期間「每十五分接見一位來自世界各國的人士」之中的一個約會開始，逐漸熟了起來。再後來，成了朋友。

我們見面的場合，總是在世界各地的書展裡，見面的時候，泰半都因為書展的過程而疲憊不堪。不過，找個空檔見一個面，聚一聚，反而成了大家紓解壓力的時刻。我們交換各自在工作上的一些狀況和心得，經常會從東西方文化的對比裡，驚訝地發現那麼多相異，以及相同之處。

印象很深刻的一次在一九九五年。那時我正因為自己公司裡一些複雜的人事問題而苦惱不堪，和他見面去餐廳的路上，沒想到他就突然講起他自己雖然在書展上風光不可一世，但是回到公司要面對董事會各種慘烈批鬥的經過。那晚我們伴著話題，喝了不少酒。事實上，不光是怎麼辦書展，從怎麼整理藏書，甚至到怎麼解決難纏的愛情問題，衛浩世都教了我很多東西。

衛浩世常說：「書展主席的壓力是別人沒法想像的。」書展的壓力，來自時間和空間兩個方面。就時間來說，每個書展少則四、五天，多則一個星期。一年的準備，只為了這最多不過七天的時間。如此濃縮的時間，本身就產生極大的壓力。空間，指的是位置。書展的要點，就在位置。每個參展者都希望在有限的空間裡爭取到最好的位置，因此緊縮的空間本身又形成極大的壓力。

書展除了本身的時間與空間壓力之外，還有政治的壓力——尤其在一個書展成功之後。一個成功的書展，除了經濟的效益之外，還會有巨大的文化形象與影響。這種影響，會吸引各方人馬前來染指。「甚至有些書展之所以成立，就是因為有人想拿來塑造自己的明星地位。」衛浩世說。「所以，每個書展主席，不論大小書展，都會面臨極大的壓力。」

就衛浩世自己任內而言，他最沉重的壓力有兩個方面。一個壓力來自外部，出自於美國和英國這些強勢文化。以美國為主的英語系出版者，挾舉足輕重的影響力，總是要求法蘭克福書展對他們有特別待遇，而衛浩世則基於法蘭克福書展是個全球書展的本質，力主平等對待各種語言與文化。於是衝突不斷。近年來，出現了許多新的書展，以法蘭克福書展為挑戰目標，更擴大了這種抗衡與爭鬥的縱深。另一個壓力，則來自內部。由於他個人的成就太過奪目，法蘭克福書展的影響力也太大，因此不免為許多人所覬覦。

這樣回頭看看，會發現衛浩世主持這個書展的成功有幾個方面：

一、可以在這麼巨大的壓力之下挺過二十五年（這段期間他們書展有兩位同事承受不住壓力而自殺）；

二、成功地與各種強勢文化周旋，吸引他們持續共襄盛舉，把法蘭克福辦成一個書展中的書展；

三、盡可能地從平等的立場，一視同仁地對待各種語言與文化；

四、以高效率的經營團隊運作以上這一切。法蘭克福書展每年有來自一百多個國家，接近七千名參展者，二十五萬名參觀民眾，展覽場地橫跨八個館，然而整個書展的正式內部編制人員不過五十人左右。

當然，他也不是沒有付出代價。

在他還沒有退休之前和他見面的時候，他的左手手指會經常輕微地顫抖。等他退休之後看到他的時候，注意到他的手指不再有顫抖的情況，我跟他說，他高興地回答一聲：「是啊。」

我問他：到底是什麼因素支持他能在這麼巨大的壓力下生存過這麼長的時間。

衛浩世回答：「我曾經逃離過我的社會，我是下了決心才重回這個社會。所以我不能讓這個社會的壓力再把我擊倒——我不想再次退出這個社會。」

除了這個根本原因之外，我覺得書展這個工作可以和他個性相投，應該也是原因之一。每次在世界各地的書展上，看到他夜裡坐在哪個飯店酒吧的一角，喝著他最愛的伏特加，那種流浪的氣味都會讓我想到這才是他的寫真：他有著在出版世界睥睨群雄的氣概，也有著浪跡天涯終不悔的浪漫。

他退休後的第一年，我頭一次和他在法蘭克福書展上不只有一個短短的約會，而是吃午餐。

我問他感覺如何。

他說，二十五年來，那是他一次看到自己所經營起來的書展。過去這二十五年，他大多時間是被囚在會議室裡，每十五分接見一位來自世界各國的人士，走進會場的時候，也都是匆匆地在別人伴送、開道之下趕赴一個定點，從沒有機會仔細看這個書展一眼。現在，他則可以走進人群，體會那種熙攘與熱鬧，也可以像任何一個參展者一般，佇足在他想逗留的展位之前。「有人認出我的時候，堅持要送我一本書。」他指指桌上幾本書。

我看著他，想著他用自己被「囚」在會議室裡二十五年的說法。

任何事情，做到極致的時候，都有些極致的感受。那天，我和這個走進人群的囚徒一起在會場走了一段路，一方面是帶著分享著某種祕密的心情，一方面也是想再近距離看看他如何環視這個書展的神情。

法蘭克福書展，的確在衛浩世手中發展成一個太過特殊的書展。法蘭克福書展的質變，在於其量變，正由於其規模太大，所以無法用其他任何書展來比擬。也由於規模太大，所以不只一手建立這個書展的教父，任何人去參加這個書展，都可能不自覺地成為「囚徒」——囚禁於自己時間限制之下只能經常來往的展位之間，人士之間。

我從一九八九年第一次參加法蘭克福書展，沒有中斷過。

對如何使用這個書展的心得，也經歷了三個階段。

最開始那一兩年，比較摸不著頭緒，約會也不多，還有時間與心情東看看西逛逛，所以經常以一些意外的驚喜為收穫。

後來，對這個書展熟了，認識的人也多了，所以有很長一段時間，從動身出發之前就排滿了約會，每天都以搶購到多少版權為收穫。

再之後，大約從發現那個「囚徒」的那一年開始，我也不想每天都只是忙碌於追逐那些（以英美出版品為主）的版權了。我不時會故意空出一段時間，無目的地逛逛。有意外的驚喜出現很好，沒有，我覺得還是很好。

這三個階段不同的使用法蘭克福書展的方法，沒有對錯。只是看個人的心情與需要的取捨。所以，衛浩世說每個人來到法蘭克福書展，都可以打開一個自己的書展，是真的。

後來，我參與成立台北書展基金會的事情。起初，衛浩世是攔阻我最力的幾個人之一。他寫信給我說：「書展會吃掉你的。你是個出版人，犯不著。」

我不記得有沒有跟他解釋過，在我最後決定還是做這件事情的許多原因中，他也是其中之一。

我想多一些機會，就近吸收這個書展的魔法師的經驗和心得。

舉一個之前的例子。

在二〇〇四年的法蘭克福書展上，我和他討論到，當書展的發展方向碰上不同見解的主張時，應該如何化解僵局。他很簡潔地說了一句：「We must fight FOR them.」（我們一定要為他們而奮鬥。）開始的時候，我以為聽錯了，就問他的意思是不是「We must fight AGAINST them.」（我們一定要跟他們奮鬥。）他搖搖頭，說不是，強調他講的是「FOR」而不是「AGAINST」。

我問他為什麼。大家主張不同，不應該努力說服對方嗎？

他給我舉了一個例子。

他說，過去在冷戰時代，蘇聯及東歐集團的出版社，為了輸人不輸陣，每年都由蘇聯政府大力資助前來參加法蘭克福書展。但是柏林圍牆倒掉，蘇聯解體之後，沒有人資助，一大票前蘇聯及東歐集團的出版社都沒法來參加了。

如何對待這個情勢，有兩派主張。

一派是就讓市場機制自行運作，等他們有能力的時候再來參加，這樣形同暫時放棄這個市場。

衛浩世則主張更積極地看待這個市場。他認為英美及其他西歐國家勢必要進入這些地區，法蘭克福書展應該扮演更積極的媒介角色。於是他除了提供一些補助之外，更派遣許多專業人士到俄羅斯及東歐地區去主辦各種出版研討會，幫助當地的出版人熟悉資本主義社會的出版經營。

後來，這些地區出現了許多成功的出版業者。「他們不但回來了，」他跟我講的時候帶著笑意，「我剛剛在會場上還遇見一個俄羅斯出版人，說他有今天的事業，不能不謝謝我。」

衛浩世要說的是，當我們和別人主張不同的時候，與其要花盡力氣遊說他接受你，不如回頭幫他開拓出他原先不相信存在的那一條路。因此，要「We must fight FOR them.」而不是「We must fight AGAINST them.」。

他這些心得，不只對我在思考書展這件事情上有用，對我根本的出版人思路上也有用。

但是在他給我的許多建議中，我相信他自己覺得最重要，我也越來越有此體會的，倒不是在工作上，而是在一些生活上的。

我印象最深刻的有兩次。

一次是他要我多注意和自己孩子的相處。他說：「你出版再多書，不要忘了，你的孩子才是你最重要的出版品。」

一次，則是二〇〇五年夏天。他突然寫信要我一定去休個假：「你一定要聽你顧問的話……休息的重要，只有在你休息過後才體會得到。」

我真的去休了一個幾年來從沒有過的長假。而這位顧問說的的確沒錯。

有一次曾經聽他接受訪問，談到他終年奔波世界各地，怎麼面對那麼多離別的場合。記得衛浩世這樣回答：「有離別才會有相會。」之前，我就注意到不論我們在哪個場合多麼興奮地會面，多麼高興地暢談過後，到分手的時候，他總是道過一次再見，就頭再也不回地大步離開。絕不回顧。聽了「有離別才會有相會」之後，我開始很喜歡體會和衛浩世分手時候的感覺了。

因為你好像從此再也見不到這個人了。
你也好像明天就要再見到他了。

5 回憶

某一種生涯規劃

我完全不是有意進入出版業的（請參閱《工作ＤＮＡ增訂三卷本》〈鳥之卷〉），所以即使在其中工作了很長一段時間，一直心不在此，也不知心該何往，深為一件事情所困惑：「生涯規劃」。經常聽人家談這件事情的重要，但總是沒法和自己聯想到一起。

多年後，等我的心思真正安頓下來，知道自己何來何去之後，回顧起來，才發現冥冥之中我早有了一個再幸運不過的「生涯規劃」。

一九七九年，我第一個工作去了長橋出版社。長橋的四年，幫我從一個出版業外行成為兼職翻譯，再培訓為編輯，又做到了書籍編輯部的主管。我在這裡打好了當編輯的基礎。

一九八四年，陳明達先生找我去他的世界地理雜誌集團，籌辦了《2001》雜誌，成為一本雜誌的主編。在這裡的兩年，我對如何經營一本雜誌有了認識。

一九八六年，我去了石滋宜博士主持的中國生產力中心，主編《生產力》雜誌，不光是負責編輯部，還要管雜誌的發行和廣告業務，實際當起一個利潤中心的負責人。因此在《生產力》雜誌那兩年，我一方面把之前所有學過的東西做了整合的練習和運用，另一方面也為我後來下一階段的工作做了預習。

再兩年後，我去時報出版公司擔任總經理，實際負責這家公司的經營。在這裡八年的時間，逐漸養成我經營者的眼界。

一九九六年，我離開時報，創立大塊文化，走上真正創業的路子。

前後五個工作，環環相扣，銜接了我從一個公司底層到實際經營者再到創業者的五個階段。缺了任何一個環節，都無法形成後面的發展。

一個完全沒想過「生涯規劃」的人，卻能前後相接地經歷了彼此呼應的工作階段，只能說極為幸運。

從某一個角度來說，這種特殊的個人幸運並不足以當作給別人的參考。不過，換個角度來看，可能也可以。由我的例子來看，一個有心規劃自己生涯的人，可以出其中的的軌迹與邏輯。

任何行業的任何企業，工作都有個最基本的養成部門。在出版業，我的例子就是在編輯部。當你還在這個最基本的養成領域裡的時候，先不要急著探頭去張望其他部門，先在這個部門把你所有該學的本領都練個精熟。

第二個階段，你需要有個機會來實際帶領你所熟悉的這個部門，或這種領域的工作。因為這時你是在一個帶領者（不管它實際的職銜是什麼）的位置，所以不可避免地需要代表這個部門和其他部門發生聯繫。最少，為了讓自己的工作進行得更順利，更能讓別人來配合你，你也配合別人，所以你需要對其他部門的工作內容和方法有所了解。你千萬不能也不需要對別人指手畫腳，但一定要深入了解別人是在做些什麼，怎麼做的。

第三個階段，你可以自己熟悉的工作和部門為中心，結合至少一個相關聯的其他部門和領域，擴大成可以挑戰完成原先光是自己部門做不到的事情或目標。這至少一個的其他部門或領域，你雖然不是從最底層做起，但起碼你有了一段時間的觀察與了解，所以知道怎麼當成資源和工具來使用。不論你這時的職稱叫什麼，你都該體會到自己又晉升到另一個階段了。

只要你能從第二到第三個階段的成長過程中掌握到竅門，就可以在第三個階段不斷擴大你聯結部門與領域的規模。不需要計較職稱是什麼。只要你能不斷地成長，不斷地擴大，最後晉升到第四個階段，成為一個企業的決策者層次，甚至第五個創業者的階段，將是自然的結果。

所以，你會發現有些事情是不言自明的。

如果你一直不先找到足夠的機會讓自己在一個部門之內的工作精熟，那麼你是不可能到第二個階段的。這裡我之所以說「找機會」，是因為大部分的人是多一事不如少一事，所以身為一個上班族，只要你想在自己部門裡多攬一些不同的工作，通常是不難找到機會的。

如果你到了第二個階段，卻始終不想去多了解另一個部門或領域的運作，那也是不會有機會到第三個階段的。當然更高的就不用提了。也許，現實上，你的公司可能會因為某種理由，給你一個更高層次的職稱，但那改變不了你只停留在第二個階段的事實。

這是我從自己工作過程中整理出的後見之明。

時間送的神祕禮物

如果我們認真地對待時間，尤其是「現在」，那麼，時間也會有所回報。

有時候，會回報一個神祕的禮物。

我是在一九九三年收過一次。

那次我出國了一陣子。辦公桌上，要回的信、傳真，要看的新書企劃案，要批的公文等等，堆了好大一片。

回來之後，我挑了一天早上，十點鐘的時候，告訴祕書不要有任何打擾之後，就開始一件件解決這些積案。

我寫了一封封的信。我看過一件件新書出版企劃，也批了許多簽呈和公文。

工作非常多，但是進行得很順，甚至很愉快。大概是離開了辦公室一段時間，和這些工作有久別重逢的欣然吧。

我終於把桌面一掃而清，不到中午，所有的東西都進了「發文匣」。比預期的進度快了好多。

我覺得餓了，應該吃午飯了，於是看了看桌上的鬧鐘。鬧鐘停了，於是看看手錶，不由得訝異起來。

手錶和鬧鐘一樣，指的都是十點十五分。仔細看看，兩者都沒有停，指針都在走動。

我請祕書進來，問她的時間，也是十點十五分左右。

的確沒錯，只過了十五分鐘。但怎麼可能？那麼一大堆的公事，不論怎麼說都要幾小時處理，怎麼可能只用了十五分鐘就統統解決？

專心於工作，不知東方之既白，這種經驗我是常有的。但是，十五分鐘來解決滿滿一桌子的事情？

我懷著八分的驚奇，與二分隱然的快樂，把這個和任何人也說不清的經驗，就當作一個祕密藏在心底。

直到後來，我讀《時間地圖》。

這本書裡有個章節談到：時間在某些時候是可以慢下來的。美國網球名將康諾斯回憶自己「處在最佳狀態時，他覺得是進入一種『境界』。在這種時刻，從網那邊打過來的球，看起來變得非常巨大，且似乎是以極慢的速度懸在半空中。」因此，在旁人看來不過是剎那的時間，卻讓康諾斯有充分的餘裕來觀察，研究判斷要在何時何地反擊對方的球路。

許多武打、美式足球、賽車等高手，也都有類似的經驗。迅雷般的速度與衝刺，在當事人眼中反而可以分解如電影中的慢動作。

我覺得這些說明可以稍微印證那十五分鐘的經驗。

我從沒有貪心得想要再來一遍那次經驗。

我知道：這是時間送給我的神祕的禮物。

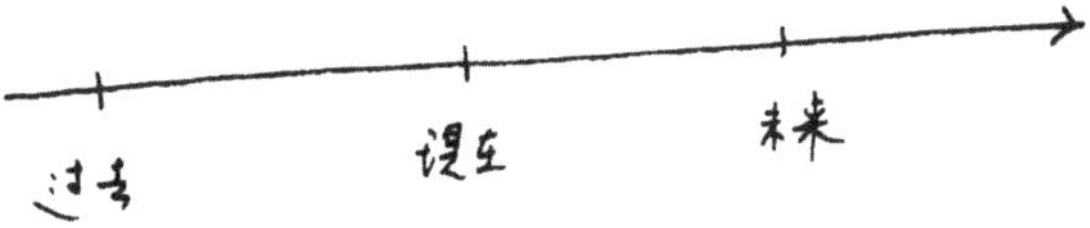

乍看之下，時間是這樣的一條「線」。

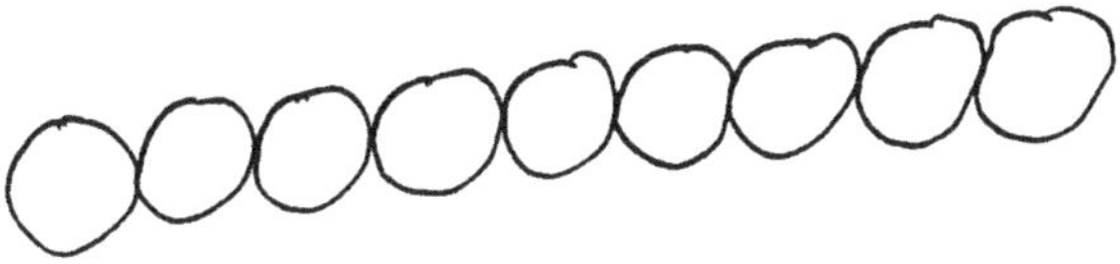

如果放大之後來看，這條線是由無數個「點」所組成。

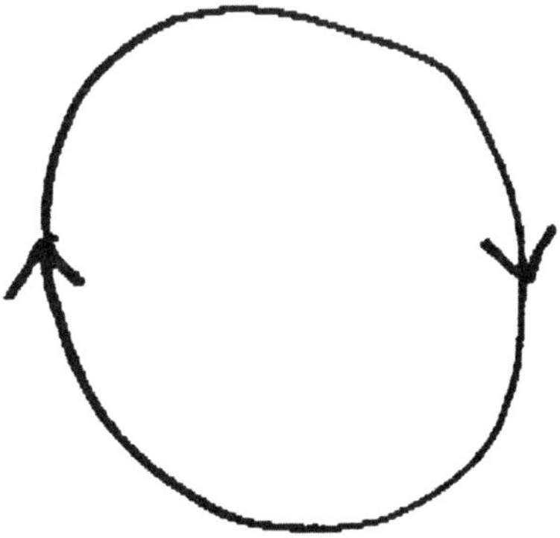

再放大來看，每一個「點」，也都是個「圓」，自成一個世界。

我曾經有過的週末

我曾經有過一種週末：灰色的週末。

那時候，我在一種除了工作之外，沒有任何其他人生的狀態中。

那是一九九七年下半到一九九八年上半之間。

當時我剛離開上一任工作不久，先是創業，新成立了一家公司，緊接著，因緣際會，又應邀同時負責另一家百年字號的出版公司的經營。

於是，我開始了一段上兩個班的日子。早上九點，我去重慶南路那家古色古香的公司上白天的班；晚上七、八點，再趕到景美那個帶著地下室的新公司，工作到半夜二、三點不等。不論多晚睡，第二天早上九點再出現在公司。

聽到我這樣工作的人，客氣一點的，會說一句：「就說嘛，是個工作狂嘛。」不客氣一點的，則乾脆說一句：「瘋了！」

我呢，不認為自己是什麼工作狂，當然更不覺得是瘋了。我只浸淫在一種飽足的感覺裡。

因為我白天和晚上的工作，是兩種截然不同的性質，又有不同的色澤與趣味。

經營那家老字號的出版公司，像是在駕駛火車，一定要有軌道，不能隨便亂開。軌道就算要有新方向的調整，也急不得。但是火車一旦起動，還是陸地上載貨量最大，運輸最快的交通工具。

經營那一家剛誕生的公司，則像是駕駛吉普車。爆發力足夠，方向沒有任何限制，車身上還可以色彩繽紛奪目。不過，吉普車就是乘載那麼幾個人的交通工具。

日夜可以操控兩種不同交通工具的機會，我只覺難得，盡情享受都來不及，怎麼會無聊呢？怎麼會有疲累的原因或理由呢？

然而，你畢竟是會落單的。在某個星期六的午後之後。

你也畢竟是會疲累的，最少，在持續工作了一個星期之後。

於是，你總要面對一個週末——雖然在還沒有雙休的當時，那個週末不過是一個週六的傍晚加上一個週日。

你，只能回到一個叫作「家」的地方，面對你在一個星期裡必須自己面對的這段時間。

那是一棟大樓的頂層。進了門，右手邊有一片視野很遼闊的玻璃窗。甚至，就連大塊辦公室的那棟樓也看得到。屋子裡，因為定期會有人來清理，所以很整潔。就算沒有人來整理，因為你根本沒有什麼時間在屋子裡活動，也不必擔心髒亂。

屋子裡沒有人等你。那是只屬於你一個人的空間。

每天半夜回去，開了門，體力和精神還好的時候，你會不想開燈，只是站在那片玻璃窗前看一會兒外面的夜空，還有點點的燈火。體力和精神不濟的時候，你沒有力氣開燈，只能倒在地板上，就著視線所及的範圍，呆呆地看一會玻璃窗外的夜空。

然後，你會把自己挪進那個叫臥房的屋子。然後，你會在鬧鐘響起來的時候，再把自己挪進那個叫浴室的屋子，開始一天的循環。

那個地方，真能叫作「家」嗎？你會有一點懷疑。

起初，你抓不住週末該有的生活，以及節奏。

即使是平日一起工作到半夜二、三點的伙伴，終於在星期六下午之後也不一定會出現在辦公室裡。你會突然發現，是的，週末到了，是否自己也該變換一下生活的規律，或是調性。尤其，如果那個週末還下雨的話；如果在雨水之外，空氣中還可以感到四處瀰漫的陰濕的話。

你不想回到自己住的那個地方，不想重複週一到週五的生活感覺。因此你會想去另外找些感覺，甚至只是找一個人，一個可以靠得更近一點的人。

但是愛情、激情，你都經歷過。

你知道只是為了那個陰雨的週末，而想找一個可以取暖的人，有多麼危險——不論是對你還是對別人。

於是，後來發現，週末，你能做的，還是回到你一個人的那扇玻璃窗後的屋子。

這樣，開始的時候是被迫，但後來是自然，並且必然地，你知道週末要做的事情是什麼了。

睡眠。

起先，你不會睡。尤其是在週末。

雖然不撥鬧鐘了，但是你的生理時鐘早已啟動。星期天的早上，你還是會在七點左右，就睜開了眼睛。然後你又起床，開始一天的各種生活動作。

然後，逐漸地，你開始另一種睡眠。

星期天的早上，六點，七點，你還是會醒過來。精神十分清醒地醒過來。然而，你會告訴自己：不要起來，不要起來，你的清醒只是假象，現在遠不到你要起來的時候。也許那麼一分鐘，也許三分鐘，你又慢慢地沉入了睡眠。只是這次睡的品質太差，你會不斷地浮沉在半夢半醒之間，然後，你累積了一個星期的疲勞和倦怠，也就跟著從骨縫中，從意識間，幽幽蕩蕩地飄升起來。

那是段很不舒服的睡眠，一種掙扎，一種輾轉，一種不安的睡眠。隱約的意識間，你會想到算了，乾脆起床可能還更好一些。

但是隨著嚐試錯誤的經驗，你還是會讓那段睡眠繼續下去。

到中午。

中午時分，你所有的疲累都浮現到骨胳和肌肉的每一個角落了。你身體的酸痛到達一個頂點——伴隨著空腹的飢餓感。所以你會掙扎著起床。混雜著不很清楚的意識，拖拉著不很聽話的身體，你來到冰箱前面，打開，拿出點東西，放進微波爐，等那麼幾分鐘，胡亂往嘴巴裡填了下去。

然後，在意識還沒回意過來之前，你再拖拉著身體，回到原來那個房間，把自己再沉重地摔回床上，摔進睡眠。

接下來的睡眠，也許會和前面中斷的那一段有一些延續，譬如夢境的某個部分。也許不會。但最起碼，那種混合著酸痛、疲累、半醒半睡的掙扎，卻是會繼續下去。你仍然不時會問自己，是不是乾脆起來就算了。

但是不要。你還是要繼續，繼續睡下去。

時間在有意識與無意識之間飄浮過去。

你在床上輾轉輾轉，恍惚中可以感覺到午後的光影一路傾斜，然後，就在顛簸的路面上，你突然墜下一個深淵。不再有不醒不夢，不再有任何感覺。你真的睡著了。徹底睡著了。

差不多再有一些意識的時候，屋子裡已經暗下來。隱約間，可以聽到隔鄰準備晚餐的動靜。但，這些都干擾不到你。

因為你處在一種很難以形容的狀態。所有的酸痛和疲累都消失了，你的骨骼、肌肉、皮膚，都處在一種舒解的，溫柔的狀態。你好像繼續閉著眼睛，也好像已經睜開眼睛。你沒有任何疑惑。你知道，這就對了。疲勞了一個星期，掙扎了一個整天，你需要的只是把自己載送到這裡。你好像浸在暖暖的，微微波動的水流裡，你唯一能做的，就是讓那水流把全身每一個關節都進一步溫柔地洗滌。

你會輕輕睜開眼睛，看一下已經全暗的房間，像是打個招呼，也像是告別，然後再沉回睡眠之中。這一段睡眠，又和前一段的不同。起初你不知道怎麼形容這次的睡眠，後來，才想起中文裡有一個叫作「黑甜夢鄉」的說法。

差不多晚上八、九點的時候，你會真正起床。玻璃窗外又是燈火一片。這次你很有目的地進了廚房，給自己準備一點還算可口的食物。然後，在一種體力和精神都很舒適的狀態下，打開前一天晚上帶回來的未完的工作，打開手提電腦，進入整理的程序。你要回顧一下上個星期，你要展望一下下個星期。

在輕輕的觸鍵聲中，你會再度工作到半夜二三點。

闔上電腦的時候，你忽然體會到，這的確是個家。不只是個住的地方。

你也體會到，這就是你所需要的週末，和你所需要的週末方式。

那是一種灰色的週末，你所需要的，是等待睡眠，以及，睡眠中的等待。

6 知識

《金剛經》與智慧

讀書多是好事。可更重要的是，能讀到一本可以讓自己人生為之有所不同的書。你拿起了那本書，讀完了那本書，對人生的眼界為之豁然開朗的書。讀書再多，卻沒有讀到這樣一本書，就好像交友遍天下，卻始終無一知己可言。

這樣的書固然神奇，可神奇還有不同的層次。有的書打開你的視野，卻只能發生在某個特定的時空背景下。有的書，你時隔多年之後打開，仍然有歷久彌新的感動。還有一種書，你可以反覆閱讀，反覆咀嚼，自以為深有所得之後，驀然回首，卻發現原來才剛看懂第一句話。

對我來說，《金剛經》就是這樣的一本書。

念頭是人的產物。但人也是念頭的產物。我們因為每天的生活，而生出無數的念頭。也因為無數的念頭，而驅動我們的生活。

我原以為念頭不過是自己的思緒，自己對自己的思緒很有把握。

但《金剛經》告訴我，事實不然，念頭是極不受自己控制的。因而體會到如何當自己念頭的主人，而不是讓自己當念頭的奴隸，是一個關鍵課題。從一九八九年起，我把《金剛經》當作一本管理念頭的書來看，一路練習控制自己的念頭。

倚靠《金剛經》生活了二十年後，有所體會的是，如何對待一些自己不需要、不想要的念頭，在這些不需要、不想要的念頭才剛冒出來的時候，就與之揮手告別，而不是忘其所以地跟隨而去。

我深深體會到《金剛經》在這方面像是我的一把倚天劍，幫我斬斷了許多不必要的糾纏。

但是我也有困惑。

因為久而久之地練習不要隨便起心動念，所以也給自己造成了新的束縛，就算自己體會到有需要起心動念，甚至起而行的時候，也竟然不知道如何斬斷這些新的束縛，不知道如何動了。

因而我在倚天劍之外，又開始尋找一把屠龍刀。

這是一段漫長的過程。最後終於在一個機緣之下，發現提燈找燈，我要尋找的不是另有一把的屠龍刀，而是我在《金剛經》裡長期漏讀了四個字。因而把感觸與心得寫成了《一隻牡羊的金剛經筆記》。更重要的是，趁機把《金剛經》相關的四部經典編了個合集，一方面可以和讀者分享，另一方面也方便自己攜帶，隨時閱讀。

近三年來，這本《金剛經》合集就跟著我周遊各國，不論到哪個地方的旅館，床頭首先要放的，就是從行李中取出的這本書。但也因為自以為讀得挺熟，所以大部分時間也就是放著，只有不時想起什麼問題，才打開來翻閱一下。

沒想到二〇一二年，在紐約一次偶然的翻閱，卻又讓我發現原來我連這部經的第一句話也沒讀完，又開始了一次震撼之旅。

我那天是因為思索「智慧」的定義而開始的。

「知識」與「智慧」的差異，或是關係，談的人很多。最不足取的一種，就是說知識多了之後，就會有智慧。因為這完全說明不了為什麼有人目不識丁，卻能讓你感受到智慧的光芒；有人學位再高，卻經常讓人覺得愚不可及。

「智慧」和「知識」是不同的。只是如何才能三言兩語就可以把這種差異說得清楚？我印象裡，六祖慧能大師所註的《金剛經解義》裡有一句話說得很好，所以記在腦海裡。那天，我想再仔細看一下這句話的上下文，就打開了那本《金剛經》合集。

慧能所說的那句話是：「智者，不起愚心；慧者，有其方便。」

因為言簡意賅，這句話我是記得住的。但記得住是一回事，實際應用又是一回事。所以當然經常蠢事連連做。那一天，我就是又覺得自己怎麼會愚蠢如此，所以想回頭看看慧能所說的這句話。

我記得那天是早上，快要出門上班之前，過去拿起《金剛經》合集，翻開來看看。這一看，就放不下了。看看前面，看看後面，突然覺得原來自己從沒有讀過這本書。不能不從最前頭的第一個字讀起。現在有手機方便嘛，我乾脆把看到的地方拍下來，然後到地鐵上好用功。

這樣，我又從頭重讀《金剛經》。六祖慧能的註，尤其字字重擊，可以把你震得呆若木雞，又可以把你震得如夢初醒。

而這部《金剛經》還是我自己親手編的，當初是我親自加的標點符號，自以為很仔細地閱讀過不止一次。

讀到一本真正有意義的書，就會這麼神奇。

也因為重讀，所以後來我發現慧能的《金剛經解義》裡，對「智慧」還有另一句很深刻的話：「智以方便為功，慧以決斷為用。」

我很幸運。

也祝你儘快找到你那本神奇的書。

卵生、胎生、濕生與化生的念頭

我重讀《金剛經》，有一個自言自語的探索過程。

《金剛經》的全名是《金剛般若波羅蜜經》。六祖分別對「金剛」、「般若」、「波羅蜜」做了詮釋。

他先談「金剛」。「煩惱喻礦，佛性喻金。智慧喻工匠，精進勇猛喻鏨鑿。」因此，我們需要「用智慧工匠，鏨破人我山，見煩惱礦，以覺悟火烹鍊」，以期「見自金剛佛性，了然清淨」。

再談「般若」。「般若是梵語，唐言智慧。」然後，有了「智者，不起愚心；慧者，善用方便」這兩句話。

再來是「波羅蜜」。「何名波羅蜜？唐言到彼岸。到彼岸者，離生滅義。」不但不要讓自己被各種生生滅滅的意念影響得六神無主，還要進一步讓各種意念的生滅受到控制；不但要控制，最後連控制意念的意念也要一併消除。

當然，《金剛經》最精彩與最核心的，就是如何面對自己的意念。譬如說，《金剛經》裡有一段是說，要如何讓一切眾生，「皆令入無餘涅槃，而滅度之。」這些眾生包括各式各樣的形態：

若卵生，若胎生，若濕生，若化生……

你可以真把這些說明當作是外在世界種種不同形態的生物來看待。但是六祖慧能的註解裡，卻讓我們看到更有意義的層次：

卵生者，迷性也。胎生者，習性也。濕生者，隨邪性也。化生者，見趣性也。

換句話說，度盡一切眾生，是要讓自己不受各種意念的干擾糾纏。

沒有來由，卻能讓你情緒翻天覆地的，是迷性的意念（卵生）；

知道不該持續下去，但總是一再讓它發生的，是習性的意念（胎生）；

內心蠢動，一有外界誘惑就會出軌的，是隨邪性的意念（濕生）；

無法集中心力邁向一個目標，總要三心二意的，是見趣性的意念（化生）。

而我們修行的目的，就是不要被這些迷性、習性、隨邪性、見趣性的意念所牽絆、糾纏，而能讓自己成為一個可以控制意念，而不是被意念所控制的人。

如果能把這些意念都調伏好，那麼就可以往「不起愚心」邁進一步。

如果能比較「不起愚心」，才能比較「善用方便」。

這次重讀，因為對「卵生」、「胎生」、「濕生」、「化生」有了多一些認識，所以總算對「智慧」又多了那麼一點新的體會。

如何心想事成地累積財富

我有特別注意閱讀《聖經》的人。

和我這個相信《聖經》，整天與自己瑣細念頭相周旋的人比起來，相信上帝，相信自己是上帝的選民，就可以朝目標勇往直前的人，真是乾脆利落。

但那畢竟是不同的信仰。我無法採用。

因此，當我讀到約瑟夫．摩菲（Joseph Murphy）的書的時候，就感到很有意思。

約瑟夫．摩菲雖然是一位牧師，但是他對各門宗教都開放心胸地研究，並且對《易經》和神通等超意識能力也都下過很深的工夫，因此他也探討人的心念的作用，並超越了宗教的界限。

約瑟夫．摩菲的心念理論，有幾個基本要點：

每個人有所祈求的時候，不需要訴諸外在的神明，而應該回歸自己的內心。

這個內心是由「表面意識」與「潛意識」兩種意識所組成，如果能善用這兩種意識相互的作用和力量，就可以心想事成。

善用「表面意識」與「潛意識」之道，就是讓自己的「表面意識」時刻保持和諧、安定與「正念」（Goodwill），然後，把自己想要達成的事情和目標，平靜但充滿信心地交付給「潛意識」去執行。

因此，所謂「祈禱」的真諦與藝術，就是在於明瞭並相信自己「表面意識」的作用，一定會得到自己「潛意識」明確的回報。

這就是人可以「心想事成」的祕密。

至於一般人為什麼難以心想事成，約瑟夫．摩菲有些解釋非常精彩。

和佛法中所說的「萬法唯心造」很相通，約瑟夫．摩菲把人的「潛意識」形容為一片土地。這片土地不唯廣大無垠，還極其肥沃，因此必定會種瓜得瓜，種豆得豆，端看「表面意識」給它種下的種子是什麼，以及種下之後如何灌溉。一般人不知道「潛意識」土地的作用，也不知道「表面意識」撒種的作用，因此整天只會漫無目的地地撒下無謂的種子，沒有意義的種子，任憑土地亂長、錯長許多東西，而不知善加利用「表面意識」種下有用的種子，並善加灌溉。

至於有些人為什麼知道利用「表面意識」下種，也知道要加以灌溉，卻仍然沒法心想事成呢？約瑟夫．摩菲說，這可能出於兩個原因：一是信心不足，二是用力太過。

約瑟夫．摩菲還舉過一個開車的例子，生動有趣。他說，「表面意識」像是一輛車的主人，「潛意識」則像是一個司機，可以駕駛車子到任何你想去的目的地。「心想」，就是我們表面意識想的事情，也就是你告訴司機要去的地方；「事成」，則是我們的潛意識開始日夜二十四小時沒有任何休息地趕路，把你載到想去的地方。

如果你問：那為什麼我經常「心想」很多事情，但是卻沒看到「事成」呢？

照約瑟夫．摩菲的回答，這是因為你可能犯了三個錯誤：

第一，你告訴司機要去什麼地方，說得越清楚越好。譬如你想發財，你不能只是想

「發財」而已。這就好像你不能只告訴司機你要去忠孝東路，你得告訴他你要去忠孝東路幾段幾號，他才能準確地送你到要去的地方。否則，車子往往只是在忠孝東路一段到六段上來回晃蕩而已。

第二，你告訴司機地點之後，不能再三改變要去的目的地。很多人「心想」了一件事情之後，還會想很多事實上與之矛盾的事情。這就好像告訴司機要去忠孝東路之後，又告訴他要去淡水，要去新店，讓他疲於奔命。

第三，你可能不夠相信司機。司機本來有自己的路可以到忠孝東路你要去的地方。你信任潛意識，他就要載你過去。但是坐在後座的表面意識，往往過了一會兒，自覺得離忠孝東路越來越遠，會不斷地急切地下指令，甚至自己搶到前座來開車，根本不給司機，也就是潛意識開車的機會。

所以，第一個錯誤，是你不明白利用「表面意識」與「潛意識」的關係。第二個錯誤，是你對使用這兩者的信心不足。第三個錯誤，則是你使用這兩者用力太過。

因而約瑟夫·摩菲建議要想恰如其分地讓「表面意識」與「潛意識」溝通，最好的方法與時機是每天晚上睡前，以及每天早上剛醒來的那幾分鐘，平靜但是沒有動搖地重複自己想要達成的事情（那個目的地），然後就把駕駛的任務交付給潛意識去進行。

約瑟夫．摩菲的著作甚多。除了他廣為人知的《潛意識的力量》（*The Power of Your Subconscious Mind*）是總論式的一本著作之外，他還根據自己的理論和方法，針對特定課題寫了許多書。

我出過他一本書，叫《想有錢就有錢》（*Think Yourself Rich*），是一本專門針對如何就財富這件事情來「心想事成」的書。

約瑟夫．摩菲對財富可以心想事成的觀點，基本如下：

一、一如血液是每個人身體所必需的，財富也是每個人生活與工作所必需的。一如每個人生來是該健康的，每個人生來也該是不虞欠缺財富的。

二、「只想倚靠努力與汗水而賺取財富的人，只能成為墓園裡最富有的人。」所以光是努力工作，不見得會成功。靠意志力，也不會。就像蓋一棟房子，不先想好怎麼蓋，而只是努力一磚一瓦地砌上去，是蓋不好一棟房子的。做你真正愛做的事，為了做這件事情的樂趣和興奮而做，運用你的想像力把你想做的事情都先畫好藍圖而做，最可能讓你創造財富。

三，財富只是富裕的一部分。一如健康是一種總和的感受，富裕也是。不能只想財富，卻賠上健康與家庭的代價。人要在財富之外，還得同時滿足自己需要安定、和諧、快樂、愛，和健康的渴望，才是真正的富裕。

四，如果你能培養自己這種整體富裕的感覺，就會產生富裕的「表面意識」，而這個「表面意識」則會再進一步讓「潛意識」工作，產生財富上神奇的回報。

五，如果你真的體認到自己是富裕的，自己的財富總會循環流動，那就不會因為一時的財富減少而慌亂。潮水有漲有退是一定的。財富有漲有縮也是一定的。如此相信的話，就算遭遇突變，突然財產散盡，仍然應該有信心財富還是會再回來。你既然有這種信心，那就該隨時處於一種富裕、快樂、平安、真誠、充滿愛心的狀態，並且願意隨時把愛、正念和祝福散播給所有的人。這樣，你可以使用的財富，就無窮無盡。

總之，富裕的感覺，本身就會滋生財富。越是有匱乏之感，就越會產生匱乏。而越是有富裕的感覺，就越會有更多的財富。

雖然和近年來坊間一些探討吸引力法則的書比起來，約瑟夫．摩菲的理論和方法都遠為更有說服力並更加可行，但不是沒有漏洞。以「表面意識」和「潛意識」分別比喻為主人和司機的例子來說，如果主人不由自主地就是偏偏想要亂指揮司機的時候，到底怎麼打消那個念頭；以及如果長時間看不到司機把你載到目的地的時候，你怎樣不致慌亂，都是有待補充說明的。

但是不論如何，讀約瑟夫．摩菲的書，還是讓我對西方人在正向使用心念的理論和方法上，大開眼界。

財富是一種水流。
你漫不經心地對待他，他就從腳邊流走。
太緊張地對待他，就成了死水一灘。

7 生活

之所以喜歡工作

我很喜歡工作。很多人說我是工作狂。不想承認，可又無從否認。

不想承認的原因，是覺得那個「狂」字有種不能自主的味道，好像一種強迫症，像偷窺狂什麼的。

無從否認，但是偏偏從表面看來，很多行徑又難以不用這個字形容。

光以二〇一二年，珊迪颶風來襲之前的週末來說，我從颶風來襲之前的紐約離開，飛了十五個小時到了台北，下機後回家把飛機上沒整理完的東西繼續整了兩個小時，然後趕到公司開了三個小時的會，再去主持了大塊文化一個新品牌「少蘊堂」叢刊《焦尾本註東坡先生詩》發表會，然後又再搭飛機來了北京。

為什麼要這麼工作？為了公司的發展，當然是。可總有什麼更深層的原因。我自己也很想搞清楚。

過去，我曾經以梁啟超所說的「以今日之我勝昨日之我，以明日之我勝今日之我」自許。這可能是個動力。但後來覺得這種「勝」的說法有些沉重，改以「讓自己想的、說的、做的能一致」當人生座右銘，工作，也就成為隨時檢驗自己的一種準繩。我喜歡工作，是因為工作裡的每個步驟，都可以讓自己體會如何協調並實踐所思、所言、所為的一致。

可後來，覺得這個說法還是有些不足。

協調並實踐自己所思、所言、所為的一致，有很多路，為什麼偏偏總要挑崎嶇艱難，不時左支右絀，驚險萬狀的呢？在這個過程裡，我到底有什麼收穫呢？

很奇怪，也很高興的是，就在前面提到的這趟旅程要出北京機場的時候，在出口一個拐彎的地方，我突然找到了一個答案，或者應該說，說法。

當時我先是很感謝自己的身體，在歷經這麼多折騰之後，竟然還能承受住，並且感覺起來運作得還順暢。接著我突然想到那個說法，就是「工作，是讓你有個機會觀察自己，然後分析自己的不足、調整自己的不足，並從中享受那個過程」。

我還是信奉「讓自己想的、說的、做的能一致」，但終於替為什麼總愛想一些比較挑戰、比較艱難的工作找到了解釋。正因為比較艱難，所以能感受自己和目標拉開比較急劇的落差，有個特別的機會來觀察自己，並進行分析和調整。

這麼想了之後，覺得剛離開的台北很溫暖，黑夜中的北京很親切，颶風中的紐約很令我牽掛。

在紐約生存下去的條件

一個紐約的週末，我和朋友在一家敞著街旁落地窗的餐廳喝下午茶。她的故事很勵志。

從小，她的功課不是很好，進的中學也經常有學生以負面新聞被報導。她自己在學校裡，更是霸凌的受害者。

後來家人幫她安排了出國的機會，於是來美國讀書，之後再回台灣工作。雖然拿的是很不錯的薪水，但她卻不習慣於台灣相對靜態、保守、封閉的環境，於是又決定放棄一切，再次動身來紐約，做藝術創作者的經紀，從零做起。

我們是在臉書上認識，正好我也在紐約，所以就約了見面，不時交換些心得。那天下午，聽她侃侃而談自己成長過程的掙扎，目前在做的一些準備，還有她一些遠大的夢想，我問了她一個問題：「要在紐約生存下去，你覺得最重要的條件是什麼？」

有些地方會很受景氣的影響，有些地方則不然。景氣的波動，好像總和它無關。在中國大陸，北京、上海是這種地方。全國的財富、人才都會湧向這種中心，所以隨時都是鬧熱騰騰。紐約，尤其曼哈頓，當然更是。美國其他地方再不景氣，和紐約的關係不大。因為全世界的財富、人才都會湧向它。曼哈頓的房地產總是居高不下，餐廳也都總是座無虛席。大家都在紐約競爭，大家也都知道：你能在紐約生存下去，你就能在別的地方生存。

只是，到底要怎樣才能在紐約生存下去？

那天下午，我們聊著天，歸納了三點。

第一，要準備。

不論你在哪一個行業，不論你做的是什麼工作，不斷地準備自己的實力。然後，等待機會，一看到機會就抓住。

第二，要堅持。

這種準備和等待，不能是一時的，也不能是短時間的。必須準備長期抗戰，必須長時間地堅持。

第三，要樂觀。

很可能，即使長時間堅持準備和等待，還是一直看不到機會，甚至看不到希望可能到來的那一天。而人，是難免失望的，難免沮喪。所以第三個條件就是要樂觀。環境再怎麼惡劣，情況再怎麼不利，都能保持自己樂觀的心情，快樂地相信所有發生的事情都有意義和作用，自己的希望一定有成真的一天。

我們從下午茶持續到吃晚餐。看著她一面很快地說著話，一面把比我點的份量還大的一盤晚餐一掃而空，感到一種很生動的活力。

我們在一個地鐵站口道別。我跟她說，她歸納的「樂觀」最關鍵。事實上，沒有「樂觀」，是支持不了前頭那兩個「準備」和「堅持」的。

這就是美國夢的真諦。

也是所有夢想的真諦。

我們彼此祝福，道別。

樂觀的條件

環境惡劣，情況不利，卻總能保持樂觀的心情，快樂地相信自己的希望必定有成真的一天。這是每個人都希望的。

但是為什麼可以如此樂觀？或者說，一個人可以憑什麼如此樂觀？

樂觀是有條件的。外向的，內向的；消極的，積極的。

外向和消極的條件，就是不做虧心事。不做虧心事，又有兩個層次。第一層，是事情的目的無虧於心；第二層，是方法和過程的無虧於心。

「無虧於心」，簡單地說，就是不傷害別人。不只是行為與表面如此，連意識與心底也是如此。虧心事，說的正是一些表面上沒有人看得出來，沒人能說得破，但事實上你自己最清楚到底傷害了什麼人的事情。

宇宙如此浩瀚，我們如此渺小。但也正因為渺小，所以應該相信冥冥中自然另有牽引的力量，不做虧心事，一定會有值得的回報。這樣我們就有了樂觀的第一個條件。

樂觀還有第二個條件，內向和積極的條件。這是相信只要自己肯持續調整自己的意念，一定可以為自己創造出有利的環境。

人的命運是由性格形成的。性格是由思維和行為的慣性形成的。而思維和行為的慣性，是由我們對待自己意念的方法所形成的。所以只要省思內心，不斷向內探索，深入練習和自己的意念對話，練習讓自己成為意念的主人，而不是讓自己被意念所控制，那就可以產生由內而外的創造力量。

我們可以相信有這麼一個過程是可以發生的：

我們可以清楚明白地觀察自己的意念是怎麼發生的；

因而過濾、清除不需要或接下來會造成自己困擾的意念；

因而不會跟隨這個意念做出不利於自己或傷害別人的行為；

不會讓這種行為模式形成侷限自己的慣性；

不會讓這種慣性形成自己的性格，從而只能反覆遇上類似的困境，或者遇到困境沒法找到出路。

相反地，我們一路從意念的形成到行為的發生，都是在最平靜而清醒的狀態下進行，所以經常可以找出新的出路，利人利己的出路，最後創造出圓滿歡喜的結果。

這就是樂觀的另一個條件。

外向和內向，消極和積極的條件，雖然可以同時進行培養，但是最根本和終極的，畢竟還是在內向與積極的條件上，我們怎麼對待自己的意念上。

以不做虧心事這件事來說，前面說就是不做傷害別人的事。但到底什麼才是不傷害別人？

法律上的不殺人、不傷人是一種定義。但那只是最表面也最粗淺的一種定義。不同的人固然有不同的其他定義，同一個人也會因為時空的不同而有不同的定義。而這些定義正好都和你怎麼看待自己的意念有關。

所以只有相信自己有面對、調整自己意念的能力，才能相信自己有越來越不傷害別人的能力，也才有越來越樂觀的條件。

黑暗中的禱告

人，總會碰上現實生活裡自己無從也無法處理的問題和痛苦。

小鳥，可以吱吱喳喳地和別人討論這些。

駱駝，可以喃喃自語。

只有成了鯨魚的決策者，深游在海底的黑暗中，無從出聲。

所以有個自己的信仰，是鯨魚最後的依託。

這個信仰的對象，可能是一個自己視為典範的人物；可能是一種理論或主義；也可能是某一個宗教。

在無窮的黑暗中，我們信仰的那個價值，也許是一個小小的亮點，也許是隱隱約約的一個光暈，也許根本就和無邊的黑暗混而為一。

於是我們禱告，希望在極大的痛苦之中，找到可以支持下去的力量。

只是，你信仰的價值，可能無從回應。或者，不會回應。即使你信仰的是一種宗教也如此。

因為很多時候，不回應才是祂的回應。

我記得看過德蕾莎（Teresa）修女的一篇報導。她虔誠地禱告了幾十年，但從來沒有感受到上帝對她有過任何一次回應。

為什麼連上帝，或者佛菩薩，也經常就是不回應？

《荒漠甘泉》（*Streams in the Desert*）裡有一句話很好：「神總是無聲地聆聽。」

是的，我們有自己的信仰，難道就一定要因為祂有回應，所以才信仰祂嗎？那不是成了去聽演唱會，去當粉絲？

所以，當我們有一個信仰的對象時，這個對象最重要的意義和作用，就是當我們感到自己越來越走進一個更深的黑暗的時候，我們還可以一直保持那個信仰。

「信心不是陪你從黑暗走向光明，信心是陪你從一個黑暗走進另一個更深的黑暗。」多年前我寫下的這句話，成了我自己在黑暗中複誦給自己的話。

你走在一個萬丈懸崖的邊緣上，四周一片伸手不見五指的漆黑，沒有任何聲音，而你走錯一步就要摔得粉身碎骨。

但你不驚慌。

甚至，最後連真的踏空了一步，自己掉下了懸崖，也不驚慌。

因為你知道，在黑暗中跟隨那個或明或暗的指引前行，是你唯一的倚憑。對於唯一的倚憑，你沒有任何可懷疑的。

我自己的經驗是，越是在最黑暗的時刻，越是當我只剩下我信仰的對象可以禱告的時候，才越可能體會到我和我信仰的對象之間原來存在著那麼一條細細微微的線。在無邊無際的黑暗中，那道線是如此之微細，幾乎無從捉摸。但也因為微細，所以更真實。

往往，我會因為感受到那麼巨大的黑暗而顫抖，但在那同時，又因為自己在這黑暗之中能夠體會到如此微細卻又真實的牽引，而感到一種可以讓自己微笑起來的溫暖。

願所有的人都能找到自己的信仰。

車禍那天，及之後

我隱約地感覺到，身邊不遠處有什麼東西被擠壓拖拉。

然後有些聲音。

然後聽到有人在叫：「Call 911! Call 911!」

眼前先是黑的。

等我睜開眼睛，冬日曼哈頓的藍天和白雲，鮮明對比一如夏季。

我仰躺在Houston 大街上。這是SOHO區一條主要幹線。

我知道了。我出了車禍。剛才我騎著駛酷達（scooter）從人行道要過馬路的時候，被一輛車給撞翻。眼角餘光裡，一輛黃色計程車擠壓著我的駛酷達。

一個人很溫柔地跟我說話。叫我不要動。問我清不清醒。我問他，剛才不是綠燈嗎？他說沒關係，重要的是你有沒有受傷。我動了一下身體，從頭到背到兩臂兩手，直覺是都沒有事，只有左腹部有些脹，不舒服。左腳涼，靴子掉了，右腳靴子還在。

那人跟我說，救護車已經叫了。還拿出一個牌子給我看，說他是個護理人員（nurse），剛好路過，他會陪我，要我放心。

我放鬆了自己，望著眼前的藍天白雲。

這件事到底還是發生了。但一如所有的意外，真沒想到是如此發生的。

二〇〇八年北京奧運閉幕式的第二天，我去了北京。從一九八九年之後，我去北京次數頻繁，但這次意義不同，我把整個家都搬過去。

多年來，我一直在思考一個台灣的出版業者到底可以如何走出兩千三百萬人口市場的局限。我覺得有各種可能，也期待著一些可能的發生，但始終沒有。所以決定自己親身來走一趟。我要把自己腦海裡浮沉的一些想法付諸行動。

簡單地說，我相信的事情是這樣的：巨大的，並且還在不斷增長中的中國大陸，是台灣不但不該錯過，並且還該善加利用的一個平台。這個平台，不只是因為它本身的廣濶而值得使用，更重要的是，這個平台將是我們可以藉以踏上其他平台的彈跳板。

所以，我去大陸，準備做兩件事情。一件，是開發大陸市場可以接受的產品。另一件，是借助大陸市場的元素，來開發全球市場可以接受的產品，並且，我想做數位產品。為了前一個想法，我覺得應該結合海峽兩岸三地學者、專家共同參與，做一個突顯大中華市場概念的立體型出版計劃。為了後一個想法，我決定進入教外國人學中文的市場。

這樣，我出發了。本來，照我的個性，沒完成的事情，沒開發好的東西，絕不對外公開任何訊息。這一次，我為了讓自己沒有後退的餘地，在去大陸不久之後，就決定接受媒體專訪，大言我要同時啟動台北、北京、紐約三地運作。（見二〇〇九年一月二十日《中國時報》的「郝明義出走北京 建構國際平台」）。

什麼事情的八字都沒一撇，我就決定夸夸其言，因為我決心走上一條不歸路。我要公開、大聲地說出自己心底的話。我要讓自己說的話押著我前行。

我在北京陷入長考。要做這些事不容易。更何況我有個習慣，不喜歡重複別人做過的事，連重複自己也不要。要做，我就要做沒人做過的嘗試。要做，我要做很難的嘗試。

之前，我會半苦笑地稱這種習慣為「毛病」。去年讀到拍立得發明人艾德溫・藍德（Edwin Land）說的一句話，才改口。這位發明天才，也是賈伯斯受之啟發、奉為偶像的人說：「別人能做的事，不要做。不是明擺著極其重要又不可能的任務，不要接。」（Don't do anything that someone else can do. Don't undertake a project unless it is manifestly important and impossible.）

我不再隨便揶揄自己的這個習慣。

苦思了九個月後，二〇〇九年五月，我連續有了兩個突破。

先是在月初，我想出來怎麼做那個針對大華人市場的計劃。巡迴香港、上海、北京、台北四地，每地邀請六位學者、專家，各選一本他們喜愛的經典之作演講，介紹給聽眾。演講同時網路轉播，事後再整編為圖文結合的系列書籍。這個立體的出版計劃，後來啟動的時候叫作《經典3.0》。

我另外那個結還沒打開。怎麼教外國人學中文的計劃。二〇〇九年十月的法蘭克福書展，中國是主題國。我覺得這是一個我們不能錯過的機會，無論如何都該掌握這個機會推出我們的產品，所以提早在年初就預定了展位。

到了五月，我做了很多設計和嘗試，都沒有滿意的。

西方人學習中文，對漢字這一關很難過，總覺得很難。所以他們學中文，往往在聽、說上不是問題，可是一碰上讀和寫，就頭痛。結果他們學中文，經常可以說一口流利的中文，但卻是文盲。這正好和我們學拼音語言的問題是倒過來的。

我相信，應該有一種新的方法來解決他們學習中文的問題。像我們一樣理解學習中文所該掌握的原理。

我又相信，在進入二十一世紀的今天，這個方法一定和數位科技相關。我讀培根（Francis Bacon）的《新工具》的時候，對一句話印象深刻：「期望夠做出從來未曾做出過的事，而不用從未曾試用過的辦法，這是不健全的空想，是自相矛盾的。」

我知道方向就在那裡，但始終找不出接點。於是，我遇上了法蘭克福書展即將開始，卻可能沒什麼產品可展的窘境。

在這些因素的擠壓下，我五月十四日凌晨，比往常早起的時間還提前一些，三點鐘半就醒了。

北京朝陽區的一個社區裡，窗外的花園一片黑黝。我坐在窗邊向外盯著，茫然發愣。到底怎麼辦呢？我要開發的這個產品，到底應該具備什麼特色呢？這些持續盤旋的疑問，當時到底是在我腦海中翻騰呢？還是都忘在一邊，純發呆呢？現在都不記得了。記得的，是接下來發生的事。

突然，我像是在一團漆黑中看到什麼影像。然後，影像越來越清晰。那是一個方塊形的東西。方塊的每一面有不同的設計和作用。然後是一個個方塊排起來可以有什麼學習作用。連名字都一下子有了。我不由得叫了起來：「是你！」

我趕快去找了紙筆，把想到的東西畫了下來。這個產品的英文名字先浮現的，就是Chinese CUBES。中文名字則想出來了「中文妙方」。連夜，我就去登記註冊了網域。天亮，我就趕快通知祕書，幫我安排回台北。

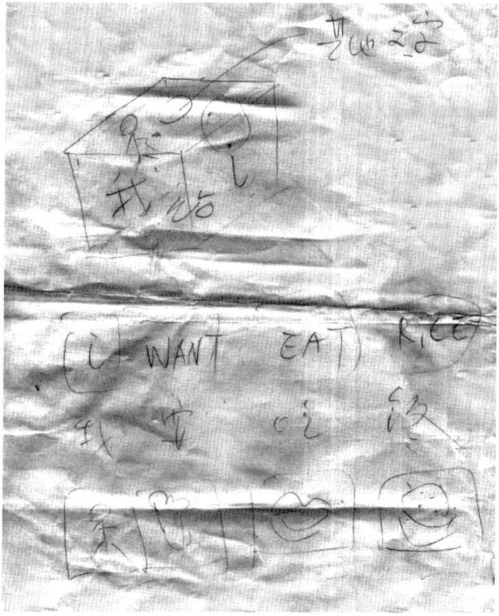

2009年5月14日凌晨三點半起來畫的圖。

我回台北要找兩個人：Akibo和黃心健。

Akibo不但是極有聲望的設計師，也是一個把童心、創意和紀律完美地結合在一起的人，是我認為個人工作者的典範。最重要的，是他對人的誠懇與熱情。黃心健，是Akibo介紹給我的朋友，表面木訥寡言，但也是熱情洋溢，長期浸淫互動設計與藝術，自成格局。

我們三個人，曾經在二〇〇八年一起合作，短短十四天做出了《我們的希望地圖》網站（請參閱本書附錄）。我對他們的能量有信心。所以想再為中文妙方注入更有活力的元素，二話不說就回台灣找他們。

我們三個人碰了頭，開了兩個小時不到的會，就把中文妙方還要新增的數位元素，以及互動設計定了案。

然後，再用不到五個月的時間，就把中文妙方的原型（prototype）開發完成。

然後，那年十月法蘭克福書展開幕，中國成為主賓國揭幕時，中文妙方也在那裡登場，第一次展現其神奇的身影。

任何第一次見到中文妙方的人，莫不為之驚嘆。從那一天開始就始終如此。而我自己，當然更是深信其作用與意義。

中文妙方要解決西方學習者兩大問題：一，消除他們對中文這種方塊字的恐懼。一個字一個方塊，每個方塊都透過AR（擴增實境）技術，讓學習者可以像玩遊戲似地，看動畫似地，學習聽說讀寫，消除痛苦，增加趣味。二，讓他們體會以字組詞再組句的奧妙。他們只要學習我們從常用字頻中選擇的兩百個最基本的漢字，就可以組出三萬個以上的詞句，解決日常生活中很大一塊需求。

過去，國際上教授中文，有字本位與詞本位之別。但我覺得那是由於傳統的紙本書籍或錄音CD工具上的限制，而導致的局限。現在，中文妙方使用新的數位科技，證明了可以突破這些局限，而成為全球第一套以字帶詞的中文學習工具。

培根告訴我的，沒有錯。

總是習慣於快速挺進自己想做的事情，也總能挑戰一些難度的我，那時就訂下了一個目標。第二年美國書展時，我就要產品上市。

中文妙方有兩個行銷策略的思考方式。一個是鄉村包圍城市，先在亞洲等地開始銷售，最後再進攻美國這個大市場。一個是直搗黃龍，先取美國，先取紐約，攻下了曼哈頓，其他地方就水到渠成。

我當然選擇後者。

法蘭克福展後，我就殺去美國。當時美國正因為二次房貸引發金融危機，我認為這是一個去找美國公司為我們提供一些服務的大好機會。他們景氣大好的時候，不會理會我們。現在景氣低盪，正是好時機。

我的判斷沒錯。我照我希望的，在美國找到了可以協助我們的對象，以及台灣的配合單位。連續和Akibo與黃心健合作的神速成效，讓我以為和任何人合作也都會如此。

然而，事實逐漸告訴我，我有多麼天真。

接下來三年，我真正體會到，或者說，一步步學習了開發數位產品是怎麼回事。

我對中文妙方的產品價值，從來沒有過懷疑。但是在軟體開發過程裡，實在心力耗費太大。軟體開發，和書的出版是完全不同的世界。書的編輯和調整，再複雜也是平面的，線型的。但軟體卻是立體的，多向的。不只是需要的人才完全不同，最主要的是，從觀念、組織架構到工作流程、調整方法都完全不同。

壞消息是，這段時間，公司外部的協力夥伴，不是倒閉就是經營出了問題，公司內部的人事，也一再汰換。好消息是，就像是電影《豪勇七蛟龍》裡主角去尋找那些夥伴，我也一個個尋覓到核心幹部，逐漸真正建立了內部自有的、有合作默契的團隊。難題一個個出現，我們也一個個解決。終於，到二〇一二年四月的時候，中文妙方的產品開發真正完成，可以準備上市。

於是，我決定親自來紐約坐鎮。我們準備產品在秋季上市。我要進行消費者測試，以及其他上市前的行銷準備計劃。

於是我在曼哈頓住下來。

彼得．梅爾（Peter Mayer），前任企鵝集團的總裁，現任Overlook的老闆，是我的朋友。他和我的故事，我曾經寫在《一隻牡羊的金剛經筆記》裡。這次我為了中文妙方來紐約，他是我們的顧問，用他的人脈幫我引介資源。我也在他公司裡分租了一間辦公室。這樣，我開始紐約的生活，也開始我的美國夢探險。

到紐約不久，有天去添購辦公室用的東西。排隊結帳時，我坐在輪椅上的手碰到了什麼。我低頭一看，是個大籮筐。大籮筐裡堆滿了一顆顆金色的石頭。我的手，剛才不經意地碰到了其中的一顆。

我拿起那顆金色石頭，翻過來一看，上頭刻著一行字：「Believe」。

我相信那顆石頭是給我的，就買了回家，放在床頭的《金剛經》旁邊。

我也馬上就忙碌起來。

從紐約，到紐澤西，到康乃迪克州，我們去向許多學校演示、說明中文妙方，也參加了許多年會、會議。

我甚至買了一台電動的駛酷達，開始自己四處活動。先是在中城附近摸索。然後有一個雨天在五十八街等計程車不到，眼看要嚴重遲到一個約會，決定冒雨騎車去SOHO，一口氣趕了六十條街，最後只晚到了十五分。從此活動範圍拉大到整個曼哈頓。又後來，知道了怎麼騎車搭地鐵，這就可以進入紐約各個區了。

一顆名叫 Believe的金色石頭。

一個雨停之後的夜裡回家，在臉書上記了這麼一段話：「晚上回家，開在雨後空蕩的街頭。夜是黑的，路是濕的，但遠處卻閃動著奪人的光亮。」

那正是我剛到紐約不久的心情寫照。興奮而充滿高昂的鬥志。

逐漸，心情的波動大起來。

三年多時間，我已經離我過去熟悉的世界越來越遠。

我越來越不做紙本書了。除了極少數的例外，台北的同事不再來問我出版的事了。

我越來越不管大塊文化的事了。和我一起工作多年的團隊，不需要我的參與，也可以把公司運營得很好，甚至更好。

我越來越不回台北了。即使每次一下飛機，那種家鄉給你自在而熟悉的感覺是如此美好，但每次回去個幾天，自己的家反而更像旅館。

我和北京家人相處的時間，當然也不夠。有一天，我回去問孩子想不想我。他看看我，說：「我都忘記怎麼想你了。」

而我飛行的次數和時數，越來越增加。

我一兩個月就要從紐約來往台北和北京一趟。還有一次一個星期裡飛兩次台北，其中一次還只待一天的紀錄。

而這些身體上的折騰，都比不上內心的負擔。

在紐約的市場測試過程裡，我決定把原定要上市的1.0版改為1.5版才上。這就造成時間的壓力。

此外，對怎麼行銷，也實在覺得沉重。台灣的企業，即使是世界級的，大多擅長的是製造業的國際代工。我們從來缺乏品牌的行銷，以及對終端消費者的行銷。現在，我要直接在紐約這個全世界品牌行銷之都，以文化產品來直接訴諸於最高端的消費市場，豈不是自不量力？

我的能力是如此之小，要挑戰的任務卻如此巨大。感覺有點像是拉著拖板車要去攀越阿爾卑斯山。

不時，疑問會浮現心頭：「你這是在幹什麼？你怎麼如此不自量力？你這樣能成嗎？」

床頭那顆「Believe」的石頭，是我很大的鼓勵。每天早上醒來，打開燈，摸到它，

Believe的字，像一道暖流。然而，我心底的波濤，還是越來越洶湧。穩定下來，又翻騰起來；穩定下來，又翻騰起來。波峰，也越來越高。後來，連Believe的字也不管用了。

進了七月，情況越來越糟。我越來越深刻地了解自己在做的事，就越來越明白過去犯的錯誤是什麼。我不時會想，啊，如果那時我做了那件事，後來不是就不會發生那件事？不是就省走多少冤枉路？不是就……？

出發之前，我要讓自己的公開發言押著我前行。我真做到了。但我也完全沒有回頭的餘地了。我也頭一次真實地體會到兩千兩百多年前，某人怎麼會在烏江渡口說出無顏見江東父老的話。

甚至，我不免埋怨起三年前那天夜裡發生的事。我幹嘛要有那個靈感，想出那些方塊呢？如果沒有那些靈感，我還留在亞洲，今天的日子不是快樂得多？

當然，我是個鯨魚，只能自己翻滾的鯨魚，所以我絕不在任何人面前流露絲毫疑惑與掙扎。只是越這樣，心底的折騰越大。

結果，七月有一個大雨天，心事太多，挺驚險地闖了次紅燈。

直到八月二日那一天。

那天早上要出門前，我突然想到好久沒有讀《金剛經》了。

那一陣子因為工作上的需要和煩惱，再三思考「智慧」到底是怎麼回事。怎樣才能多些智慧，少些煩惱。我記得六祖的《金剛經解義》裡，對「智」、「慧」兩個字有很好的解釋。在我這個節骨眼上，應該再溫習一下。所以人都上了駛酷達，還是開到床頭，拿起《金剛經》翻一翻。

打開來找到了那句話：「智者，不起愚心；慧者，有其方便」。

我在這本書裡的〈金剛經與智慧〉那篇文章裡，提到這件事。

沒來得及在那篇文章裡寫的是，正當我默唸了兩遍，準備放下，要離開的時候，突然手指一翻，翻到了一個地方。一行字映入眼簾：

「過去心不可得，現在心不可得，未來心不可得。」

波動浮躁了好一陣子的心念，在一剎那間安靜下來。一下子，前一天晚上、當天早上還在糾纏我的懊惱、疑惑、恐懼，全都消失了。我感到自己，和周遭的一切，是如此安靜。如此踏實。

不必為自己走過的任何彎路、冤枉路而懊惱。所有發生了的事都是發生了。記住教訓，當作未來改進的基礎就好，不必再想其他。這就是過去心不可得。

不必為任何人力、資源的不足，而疑懼不前。你真相信自己在開發的產品是有益於人，有獨特的價值和意義，就不要瞻前顧後，全力以赴。那你的產品一定會迸發光芒。這就是未來心不可得。

每一個懊惱過去的念頭都去掉，每一個疑懼未來的念頭都去掉，那也就沒有什麼現在的念頭殘留在那裡了。這就是現在心不可得。

我發現前一陣子自以為《金剛經》讀得挺有心得就擱在床頭的自己，有多麼好笑。讀了二十年，自以為很熟的《金剛經》，就像一本從沒有讀過的書一般，打開在那裡。

我又像一個從沒讀過這部經的人一樣，開始我新的探索。

來到紐約快四個月的我，去掉了剛來時候的好奇與興奮；去掉了前一陣子的疑惑、掙

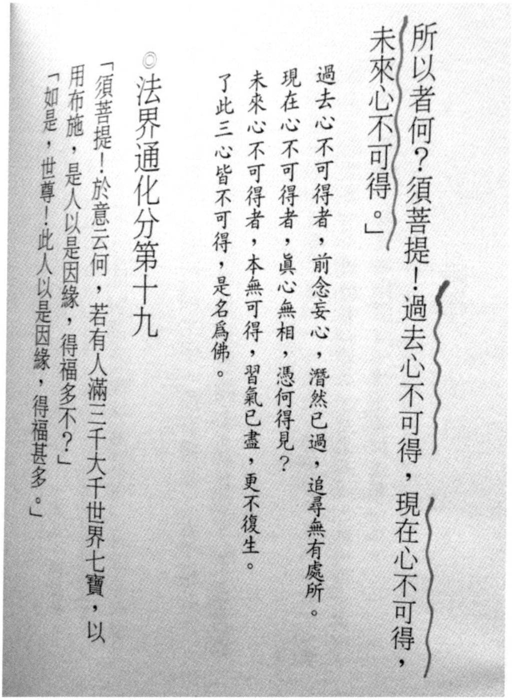
所以者何？須菩提！過去心不可得，現在心不可得，
未來心不可得。」
過去心不可得者，前念妄心，瞥然已過，追尋無有處所。
現在心不可得者，眞心無相，憑何得見？
未來心不可得者，本無可得，習氣已盡，更不復生。
了此三心皆不可得，是名爲佛。
◎法界通化分第十九
「須菩提！於意云何，若有人滿三千大千世界七寶，以用布施，是人以是因緣，得福多不？」
「如是，世尊！此人以是因緣，得福甚多。」

驀然回首，三句話。

扎與疲憊，確認現在才開始要紮紮實實努力了。

我真正來紐約了。

之後幾個月，我還是很忙。

繼續去各地演示，不但有美東，還有達拉斯和休士頓。然後，也繼續紐約、北京、台北飛。

我們先在法蘭克福試賣，有很好的反應，就決定十月底開始啟航。十一月中旬，去ACTFL（全美外語教師年會）亮相，再次得到大家的注目，以及許多寶貴的支持。

十一月下旬，我們回到紐約，準備下一階段的工作。

這一路雖然忙，但是我心裡始終平靜、穩定。

我逐漸體會出自己為什麼要如此工作。

愛德溫．藍德的話又上了心頭：「別人能做的事，不要做。不是明擺著極其重要又不可能的任務，不要接。」

我也想起約瑟夫．摩菲（Joseph Murphy）說的話：「做你真正愛做的事，為了做這件事情的樂趣和興奮而做，運用你的想像力把你想做的事情都先畫好藍圖而做，最可能讓你創造財富。」

我更把新近從六祖註解中抄記的重點拍下來，存進手機，在紐約顛簸的地鐵車廂裡拿出來讀，一句句默誦：

「以般若智，護念自身心，不令妄起愛憎，染外六塵，墮生死苦海。

「於自性中，念念常正，外不見人之過惡，內不被邪迷所惑，自性如來，自善護念。

「前念清淨，付囑後念；後念清靜，無有間斷。」

甚至，有時候還唸出點聲音。紐約地鐵裡什麼樣的人物、行為都有，多一個騎驢酷達又唸唸有詞的怪叔叔或怪老頭，無所謂。

我也開始即使持續奔波，但努力讓家人更注意到我想隨時和他們在一起。起碼

Skype。有一天我回到北京，小孩一直黏著我。我問他：「你開心嗎？」他用力地點點頭。

我也真正體會到為什麼一個領導者要同時兼具鳥、駱駝、鯨魚的特質。你必須像鳥一樣熱情、勤快地前進，像駱駝一樣沉穩地、不動聲色地推動大家，卻又要像鯨魚一樣在無邊的風浪、無際的黑暗中翻滾。

十一月二十八日早上，我照常在紐約時間大約四點左右醒來。打開郵箱，檢查一下，收到了一封同事轉來iF Design Award的通知信。

自一九五三年開始舉辦的iF 設計大獎，每年有數十國頂尖產品參賽，被譽為全球產品設計界的奧斯卡獎。今年十一月底，全球四十九位評審聚集在德國漢諾瓦，為總共四千三百多件參賽作品評審出三類獎項：產品設計獎（Product Design Award）、傳達設計獎（Communication Design Award）、包裝設計獎（Packaging Design Award）。

通知信告訴我們：中文妙方得了其中以數位、遊戲、媒體產品為主要參賽者的「傳達設計大獎」，並邀請我們參加明年二月在慕尼黑舉行的頒獎典禮。

我沒有什麼興奮反應。這是我今年夏天要同事去申請參賽的結果。和我討論處理相關新聞事項的同事說，真跌破眼鏡。我說我沒有。從二〇〇九年開始，我就一直期待趕快完成這個產品來參加iF評賽。今年終於完成，我們也終於有機會參賽，現在，也終於拿到獎了。

「我從三年前就等著拿這個獎了。」我說。這是真的。

因為我最清楚中文妙方是個多麼美妙、神奇的產品。

但想到iF設計大獎之前的得主有新力隨身聽、iPhone之類的產品，中文妙方可以和他們並列，還是感到一種欣慰。

大約在我得知中文妙方得獎的七個小時後，我在Houston大街被撞翻了。SOHO，是因Houston大街而得名，South of Houston。SOHO也者，這條大街以南的地區。

我躺在豪士頓大街上（紐約的人不唸休士頓），仰望著天上的白雲，等警車和救護車來。

我聽從大家的建議，在救護車來之前不做任何移動。那位說話溫柔的男護理人員繼續陪著我，幫我打電話給同事。豪士頓大街為之阻塞半小時。

也在那半個小時裡，我又回顧了一遍來紐約這六個月多時間。心裡飽飽滿滿的，知道自己有多麼幸運。

之前，我就擔心自己會不會哪一天因為心不在焉而發生車禍。七月心神恍惚闖了一次紅燈之後，特別有這種擔心。

而這一天，還真的終於來了。

綠燈我要過馬路的時候，被一輛右轉的計程車撞翻滾落地上。駛酷特都被壓壞了，我卻沒有受任何傷。

救護車載我去醫院檢查了幾個小時，沒有發現任何異常，連左腹的腫脹之感也都消失後，我就回公司繼續上班了。

同事說我這麼幸運，必有後福，鼓動我買彩券。當時紐約一個大金球獎累積了五億多美元。我也去勾選，準備第二天買。但後來發現，大金球當天晚上就開獎了。

我不禁啞然失笑。

出了這種車禍，我竟然可以毫髮無損，這本身不就是比得大金球更神奇的事嗎？我還

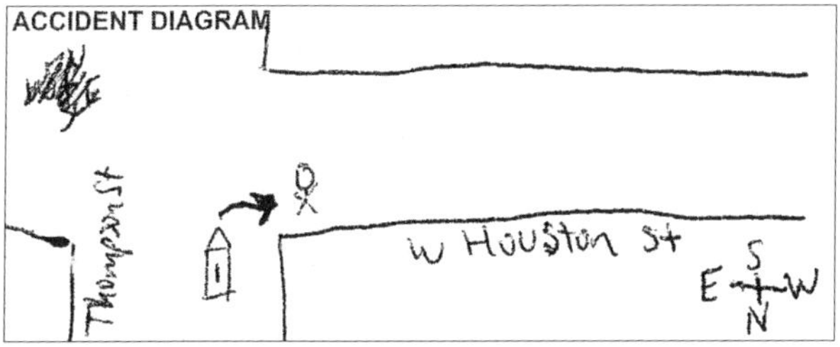

紐約警察畫的事故現場圖

幹嘛去買什麼彩券？

當天晚上回家之後，才開始害怕。

車禍就是車禍。那一輛右轉的計程車，先撞上我的駛酷達；駛酷達翻倒，我也摔在地上滾到一邊。

萬一計程車先撞到我身體的哪個部份，或者我摔下去撞到地上有什麼其他的東西，甚或是我自己被翻倒的駛酷達壓到，都不堪設想。

有人說我還是胖胖的比較好。像個肉球，常在家裡滾來滾去，所以被撞上的那一瞬間就滾動出去，化解了撞力。

但我更相信是佛菩薩保佑。一定是就在剛要撞上的那一剎那，祂為我啟動了一個防護罩。所以毫髮無損。

雖然無傷，卻突然感到一種沒來由的悲涼。環顧孑然一身的室內，有點泫然若泣。但也就那麼五六秒鐘。

然後，有一種新生之感。

的人生要開始了。

那是一種喜悅。

雖然我要攀越的阿爾卑斯山仍然很高，未來的挑戰和難關所在多有，畢竟，我有個新

有《工作DNA》增訂三卷本的想法，已經多年。中間整理很多，散亂也很多。

今年來紐約，發狠說一定要趁著周末休息的時候，把這增訂三卷本完成。

訂了幾次出書時間，但都沒能達成。

到十一月，完成了第一稿。可總覺得鯨魚之卷還少點什麼，不踏實。

出車禍之後，同事跟我說今年和書店通路黃牛了很多次，不能再延誤出書。我卻也知道最後一篇稿子要寫什麼來補足了。

這個故事裡的人，竄低蹦高，有太多不成熟，以及不足為訓之處。但他始終相信一件事情：每個人都有能力不被環境的干擾與限制所困，每個人都有能力不斷提升自己的生命層次，做點有益自己，也有益他人的事。而工作的目的，不為別的，只為實證這個信念。

我希望讀者，以及許多和他交往的人，能因為他相信的這一點，而原諒他的諸多莽撞

與缺失。

感謝所有支持我一路可以來到這裡的人。我會善待我的身體，讓它可以繼續支持我進行接下來的試驗與調整。

也和所有工作中的人分享。

8 附錄

一個希望和一個嬰兒的誕生——二月十七日滿月記

《希望地圖報》第八號，二〇〇八年三月十七日

親愛的朋友：

今天是三月十七日。早上三點多起床（最近起床時間不很規律），打開電腦，收到黃心健的一封email：

「好棒啊！謝謝分享！每隔幾天都會去網站上放些希望，今天兒子滿月，感覺更是不同！」

聽到他的寶寶滿月了，才覺察到今天跟二月十七日相距剛好一個月。對「我們的希望地圖」網站，也有特別的意義。

從二月十一日開始讓思索多時的想法走出自己的嘴巴，在邀請共同發起人的過程裡和大家經過討論後，我是在二月十五日早上調整出這個計劃的名稱及內容，以及網站以希望來表現光點的想法。

二月十五日當天碰上過程裡最大的挫折。當時我準備是在選前一個月，二月二十二日就能建好這個網站來公佈。但是請教一位ＩＴ方面的專家如何建構這個網站的時候，他告訴我要做出我講的效果，最少得一個團隊，一個月的時間。而我想的是五天的時間？我自己也不好意思再多談下去。

當天晚上一個餐會後，我請杉浦康平和呂敬人去相思李舍。客人到午夜興盡而歸之後，我累在沙發上一時起不來，就跟老闆李威德談起我的想法，也順便說了說現在找不到網站找不到人做的困境。李威德說，有一位以前常常來他這裡喝茶的客人，看來是個高手，問我認不認識。

我一下子興奮起來。我認識他！那人的確是個高手。我知道他是大夜貓子，馬上打電話給他，半夜兩點沒人接。我先回家，再發email。心裡想，這應該就是答案了。

第二天十六日，我抱著希望等到下午，接到他助理的簡訊，說他現在人在美國，一時回不來，也不方便聯絡。興奮了一夜的期待，算是破滅了。

但我不死心。當晚在台北書展忙碌的行程裡，趕了兩個約之後，我又想起有一位獨行俠式的網路專家，他專門利用遍佈全球的程式高手來工作，可能有辦法。於是從圓山打電話給他，緊急約了在永和一見。

見面後，他也幫不上忙。他開發的東西，聯絡的人都集中在很專門的一個領域。「並且，你只有四天的時間要建好，這不可能啦。」他在咖啡館裡跟我說。

幸好這時我的手機響了。是趕來這裡的路上，我打電話給Seednet的總經理程嘉君留的言，他回話了。剛才我過來的時候，同時打電話王克捷，問他有沒有其他可能的資源。克捷除了幫我找一些可能的資源之外，問我認不認識程嘉君，我叫了聲怎麼忘了他！

我跟嘉君說，有急事要找他一談。請他第二天星期天早上，給我半小時。

第二天，二月十七日早上十點半，我去內湖美麗華附近見了嘉君。

嘉君聽我講了十分鐘之後，跟我說：「我支持你。」他說的支持，包括網路頻寬、程式設計，以及四天之內完成，二十二日就開站。唯一，他說使用界面的設計，需要我們多花心思，工程師全力配合就是。

說起來，我和嘉君認識雖然有段時間，但是光以見面次數而言，其實那天早上應該也不過是第六或第七次而已。他一句「我支持你」，讓我吃了個定心丸，說一聲「謝謝」就匆匆分手。

我趕回台北書展現場，等林懷民。他就我們的聲明給了我很關鍵的一個意見，我要趁他中午一場演講之前，跟他確認一些細節。而他也的確就在匆匆趕來，匆匆一眼之下，就又給了我一些很好的建議。

聲明最前面，有一句「讓我們抱著希望，換個想法，來拼一個台灣未來的地圖吧。」

他走動了兩步，揚揚頭，說，「加一句『抬起頭來』吧！」

我去主持了他的演講的開場，然後和同事Wini討論怎麼找一個香港網路設計師。這天早上有朋友傳來一個香港的網站，其界面有些設計很不錯，我想在時間這麼趕的情況下，是否可能第二天星期一聯絡由他們做。有現成的東西，改起來應該比較快。Wini準備聯絡。

「可是，」我加了一句，「有點可惜。我們的總統大選，這件事情如果能由台灣的人來完成多好。」

Wini看看我，「那你要不要找Akibo試試看呢？」

我又大叫了一聲，「怎麼忘了他！」

Akibo是台灣電腦繪圖及數位設計等領域的指標性人物。又是我雖然很早就認識，但見面不到三次的人。幸好兩年多前有次專訪過他，有次深入的對談，對他所做的事情有多一些了解。

我打電話給倪重華，問到Akibo電話。沒有人接，我留言後，去參加法蘭克福書展前主席衛浩世的《集書人》新書座談會。兩個小時後，座談會結束，電話響起，Akibo回電了。

Akibo說星期天他在家陪小孩。我說有急事，請他給半個小時。他家住天母，我在信義區，Akibo不但立刻同意安排好小孩見我，還好心地約了我們雙方共同的中間地，國賓飯店見面。那晚衛浩世要回德國，通常，我都是和這位老友一起進過晚餐再跟他道別的，那天我跟他匆匆握了個手，把他交給別人之後，就在細雨中趕去國賓飯店了。

Akibo聽我講了十分鐘，說，「我做。」我們緊緊地擁抱了一下之後，Akibo說，「你還要再去找一個人。」這樣他告訴了我黃心健的名字，以及心健曾經在美國Sega公司擔任產品研發的藝術總監，是數位互動遊戲的頂尖高手。

Akibo馬上打電話給黃心健，約他出來見。但他講了講電話，大聲說了句「恭喜」之後，跟我說，「可是很不巧，他今天家裡有大事，他太太生Baby，在中壢，他現在就要去中壢。」

聽人家生Baby，又是高興，又是想，那怎麼辦？這麼大的事情，怎麼也不可能去打擾人家了。但是，時間對我而言又是分秒必爭。我只好厚著頭皮和臉皮，請Akibo 再撥個電話給黃心健，問他如果我過去中壢看他呢？

黃心健沒有拒絕這個莫名其妙的人，說那就八點半。

於是，我和Akibo再談了一會兒，他又給了我應該為一些不方便上網的人設置現場希望張貼板的建議之後，匆匆趕回家去給孩子準備晚餐。我則在飯店樓上和Wini吃了些東西，然後出發去中壢了。

夜裡飄著雨，氣溫又低得很。但是車上我的心一直是熱的。多麼不可思議的一天啊，我想。雖然我還沒見到這位黃心健，不知他是什麼樣的人，不知道他是否也會像Akibo這麼熱情地答應，但是我相信佛菩薩會幫助我的。而我自己能做的，頂多就是不忘記去買兩盒雞精。

到了中壢的醫院，找到產婦的房間，黃心健不在。等了幾分鐘，看到一位個子不高，戴個黑框眼鏡，像個大學生的人，慢慢地走了過來。本來想找一個可以喝茶的地方談，他太太起身，說是要去看新生的嬰兒，她的床借我們用就好了。所以，我就拿出電腦放在床上，講了一遍給黃心健聽，並且說，要二十二日開站。畢竟我和他是完全初次見面，不知他會說什麼。

黃心健走路慢慢的，講話也慢慢的，反應看來也慢慢的。他聽過後，說了一句「我知道了，我會和Akibo先討論。」我看他雖然沒有像程嘉君和Akibo那麼直接地說什麼，但畢竟並沒有拒絕我，也沒有說二十二日不可能，對一個第一次見面，又是家裡有重要喜慶事要處理的人來說，還能要求什麼？

我這樣上了車，本來要約一位韓國版權經紀人在二十四小時的敦南誠品店見面，想想還是算了，一路昏昏沉沉地睡回了台北。

這就是我的二月十七日的一天。

第二天，我們和Seednet的人開了第一次會。第三天早上，三方人馬第一次會齊在心健的故事巢辦公室開會。Seednet的工作團隊代表有建成、思翰、彥群。我們公司有Seaman（對，就是提「我希望馬路是平的」那位）及Riz。再來是Akibo，以及心健。而

Akibo和心健在我們開會之前，已經先把首頁頁面如何呈現的方式討論出來。我只能說，他們想到的呈現方式，也就是各位現在看到的這個樣貌，比我原先的設想，高明、有趣、有機得太多，啟發了我對網路，以及遊戲的許多未曾有過的想像。

在那個十九日的早上，對於我想在二十二日開站的想法，仍然沒有任何人告訴我不可能。Seednet團隊的代表說一定會把程式趕出來，Akibo和心健的互動界面要晚個兩三天，但是他們說可以先設計一個臨時的界面。

最後是Seaman、Riz（他們兩位負責居中協調，穿針引線）和我其他同事提醒我：已經找到這麼頂尖的任務團隊來完成這件不可能的任務，大家都為了配合我，沒有任何人潑我冷水，為什麼不把網站啟動的時間延後一個星期，到二月二十九日再開站呢？

我接受了這個建議。這可能是一個魯莽的傢伙在這件事情上做過最明智的決定之一了。而後來的事情，大家都知道，我就不多說了。

今天在這裡記下這些，是因為得知心健的寶寶今天滿月，聯想到我們的網站也是滿月。我和Akibo下午買了個小禮物送給寶寶，在卡片上寫了：「你和我們的希望地圖一起誕生到這個世界。歡迎並祝福。」所以跟大家分享一個新生命，和一個希望網站的誕生的喜悅。

感謝所有參與，支持這個計劃與網站誕生的人。和幾方工作人馬開過一次會之後，就完全透過手機、MSN與email聯絡，就準時讓這個網站在二月二十九日準時開站，甚至連林強匆匆間答應相助，為這個網站主題曲的編曲也及時趕到，是一種太特別的事。能精準地達成原先的目標不說，還可以產生如此美妙的視覺、聽覺與參與感覺，光是享受這種專業工作默契，就無從形容。

也感謝所有在我們的希望地圖上發表希望的人。是你們，讓這個網站在開站之後，真正開始有了生命；是你們，讓我們從黑暗之中，看到一個個熠熠生輝的光亮。讓我們的希望地圖真正有了生命。

如果最後可以讓我再多一句話，那麼就讓我說：

真誠地相信你的希望可以實現吧。希望會實現的。也可以實現的。

郝明義　rex

2008/3/17

又及：今天的希望導遊是夏曉鵑。

工作DNA

工作DNA

工作DNA

工作DNA